上海大学出版社

2005年上海大学博士学位论文 27

U0358916

强脉冲激光与高温等离子体及氘团簇相互作用的机理研究

- 作 者：安伟科
- 专 业：无线电物理
- 导 师：邱锡钧

2005 年上海大学博士学位论文　27

强脉冲激光与高温等离子体及氖团簇相互作用的机理研究

作　　者：安伟科

专　　业：无线电物理

导　　师：邱锡钧

上海大学出版社

·上海·

Shanghai University Doctoral Dissertation (2005)

Theoretic Study on the Interaction of Ultra-Intense Pulse Laser with High Temperature Plasmas and Deuterium Clusters

Candidate: An Weike
Major: Radio Physics
Supervisor: Prof. Qiu Xijun

Shanghai University Press
• **Shanghai** •

上 海 大 学

本论文经答辩委员会全体委员审查,确认符合上海大学博士学位论文质量要求.

答辩委员会名单:

主任:	朱志远	研究员,中科院上海原子核研究所	201800
委员:	顾嘉辉	研究员,中科院上海原子核研究所	201800
	龚尚庆	研究员,中科院上海光机所	201800
	余罔鲲	教授,上海大学物理系	200444
	许晓明	研究员,上海大学物理系	200444
导师:	邱锡钧	教授,上海大学物理系	200444

评阅人名单：

朱志远	研究员，中科院上海原子核研究所	201800
李儒新	研究员，中科院上海光机所	201800
毕昌镇	教授，复旦大学	200433

评议人名单：

贺泽君	研究员，中科院上海光机所	601800
许晓明	研究员，上海大学物理系	200444
董传华	教授，上海大学物理系	200444
季沛勇	教授，上海大学物理系	200444

答辩委员会对论文的评语

安伟科的博士学位论文从理论上研究了强脉冲激光与等离子体及氘团簇的相互作用,这是当前国际上一个前沿研究热点.

该论文研究了高温电子系统的洛仑兹因子的平均值与温度的关系,并得到了经相对论修正后的等离子体频率和德拜长度的解析表达式,初步揭示了高温等离子体的等离子体频率和德拜长度随系统温度变化的规律.在此基础上研究得到了快电子由于集体振荡导致的能量损失率随温度的上升而下降;研究了团簇内的自由电子在激光场的洛仑兹力作用下产生迁移并逃逸出团簇的机制,得到磁场部分也是导致自由电子逃逸的重要结论;采取团簇依次发生流体力学膨胀和库仑爆炸的双重机制,获得了更为接近实验现象的理论研究结果;在 μ 子催化核聚变中,提出了利用飞秒强脉冲激光电离粘附在反应物 ^3He 上的 μ 子的理论方案,因此预言了强脉冲激光能够提高催化效率.

该论文论述严谨,条理清楚,层次分明,理论结果可信,研究成果有创新.作者在攻读博士学位期间,已在核心期刊发表了四篇论文,其中已被 SCI 收录三篇.作者具有扎实的专业理论基础和独立从事科研工作的能力.

作者在答辩中叙述清楚,回答问题正确.答辩委员会认为该论文已达到博士学位论文水平.

答辩委员会表决结果

经答辩委员会表决,全票同意通过安伟科的博士学位论文答辩,建议授予理学博士学位.

答辩委员会主席:朱志远

2005 年 5 月 23 日

摘　要

　　论文首先在理论上研究了高温等离子体中相对论性电子的动力学行为.研究了对于相对论性等离子体,如何测定粒子的洛仑兹因子 γ 的问题.通过理论分析,把高温等离子体中相对论性电子的密度函数划分为集体和个体部分,通过对集体部分的研究,得到了具有相对论修正的等离子体频率和"德拜长度".随后,研究了飞秒激光脉冲加热氘团簇引发核聚变的机理.通过分析氘团簇与强激光相互作用时的膨胀过程,提出了团簇双重膨胀的机制,即团簇依次发生流体动力学膨胀和库仑爆炸,解释产生高能氘核的原因,并估算了氘团簇库仑爆炸时氘核的能量以及氘离子团簇的爆炸效率.最后,研究了 μ 子催化核聚变中强脉冲激光对介原子 $\mu^3 He$ 的电离.

　　论文主要包括以下三部分内容及创新性结果:

　　1.高温等离子体中相对论性电子的动力学行为.(1)对于相对论性等离子体,如何测定粒子的洛仑兹因子 γ,这是一个有趣的问题.根据相对论性麦克斯韦分布律,得到电子的平均洛仑兹因子 $\langle\gamma\rangle$ 与可测量的物理量——系统温度的严格关系式;并且在极端相对论的情况下,获得了一个类似的简洁关系式.(2)通过引入李纳-维谢尔相对论性电磁势来描述相对论性电子产生的场,然后由密度函数把相互作用下的多电子系统划分为集体部分和个体部分,进而着重对集体部分进行研究得到了相对论性修正的高温等离子体的振动频率和"德拜长度".结果表明：不同于通常低温等离子体的情况（密度固定，振动频率也就固定了），高温等离子体的振动频率会随着其温度的变化而变化.随着等离子体温度的上升，电子的运动速度加快，洛仑兹因子逐渐增加，使得高温等离子体的振动频率随之减小，而德拜长度则逐渐增大.并且，等离子体温度越高，这种变化越明显.(3) 研究了快电子束在高温等离子体中传输时，由于电子集体振动的激发而导致的能量损失.理论结果表明：相对论性修正的集体激发引起的单位距离能量损失率比非相对论的集体激发引起的单位距离能量损失率明显小.对于稠密电子气体，在大于德拜长度 λ_D 的范围，系统倾向于产生集体振动行为；在小于德拜长度 λ_D 的范围，则与单个电子的自由热运动相关.由此得出：对具有相同电子密度分布的高温等离子体而言，由于德拜长度随等离子体温度的上升而增大，这就使得"德拜球"外参与集体振动的电子数减少，而"德拜球"内参与自由热运动的电子数增加.从而，在相对论性的高温等离子体中，集体激发引起的能量损失比通常等离子体中的小.

　　2. 近年来，飞秒强激光与团簇的相互作用的研究成为一个热点.气体原子团簇兼有气体和固体的特征，因此团簇与飞秒强激光的相互作用和单原子或分子与飞秒激光相互作用完全不同，引起的高电荷态、MeV 离子和 keV 电子的产生，以及超短 X 射线辐射等一系列的新现象.1999 年，Ditmire 等人用 D_2 团簇与飞秒强激光脉冲相互作用，实现了"台式"聚变.同时，经由团簇这座连接原子、分子和固体的桥梁，可以获得强激光与物质相互作用的完整图像.在理论上主要研究了飞秒激光与氘团簇的相互作用.在飞秒激光作用下，团簇充分电离，针对自由电子从团簇逃逸出来的行为,首先提出一种可能机制:团簇膨胀前其内部是过密等离子体,穿透进团簇的激光场中磁场部分是不可忽略的,团簇中的自由电子在洛仑兹力的作用下,以较大的速度迁移,会沿激光的传播方向逃逸出团簇.紧接着研究了飞秒激光脉冲加热氘团簇引发核聚变的机理.当飞秒激光与中等尺寸氘团簇的相互作用时,针对团簇膨胀过程提出了双重膨胀的机制:团簇依次发生流体动力学膨胀和库仑爆炸.解释了产生高能氘核的原因,与实验结果较为吻合.并计算了氘团簇库仑爆炸时氘核的速度以及氘离子团簇解体时间,为选取合理的激光脉冲宽度参数提供参考.最后,对氘团簇的爆炸效率进行了研究,发现氘团簇的爆炸效率随着照射的激光强度的增加而减小、随着团簇的尺寸的增加而增加.可以认为,增加激光脉冲强度,在团簇爆炸时可以增加氘离子的动能,但降低了爆炸效率;只有增加团簇的尺寸,既可以增加氘离子动能,又可以提高爆炸效率,以便更有效地引发 $d-d$ 核聚变.

3. μ 子催化聚变包含许多学科,它包括原子、分子物理、核物理和粒子物理、化学和加速器技术.20 世纪 70 年代,在研究 μ 子催化 dd 核聚变时,发现中子的产生对温度有很大的依赖,从而发现介分子 $dd\mu$ 的形成过程中存在着共振机制,这一惊人的成果,重新激起了人们对 μ 子催化核聚变研究的兴趣.作者首次提出了在 μ 子催化核聚变中利用超强的激光场把粘附在反应物 ^3He 上的 μ 子电离出来的方案,试图使 μ 子"复活",参加下一轮反应,重新催化核聚变,进而提高催化效率.通过数值求解了一维含时的 Schrödinger 方程,研究 μ 子催化核聚变反应中单个脉冲的激光强度和波长对介原子 μ^3He 电离的影响.发现当激

光强度为 $10^{19} \sim 10^{23}$ W/cm^2 量级时,介原子 $\mu^3 He$ 有 2.7% 左右的电离率;当激光强度达到 6.0×10^{24} W/cm^2 时,对介原子 $\mu^3 He$ 有显著的电离,并且电离率随着激光的强度、波长而递增,进而会有效提高 μ 子的催化效率. 我们利用双色激光场对介原子 $\mu^3 He$ 作用,发现电离率比单色激光场时有明显的增加,并且双色激光场中的相对相位对电离率有灵敏的控制作用.

关键词 高温等离子体,相对论性电子,集体振动,超强脉冲激光,团簇,电离,催化核聚变,μ 子粘附

Abstract

The present thesis is firstly devoted to the dynamic behavior of relativistic electrons in the high-temperature plasma. First of all, the authors have developed an approach to fix the Lorentz factor of particles in the system. The interactions between relativistic electrons in high-temperature plasma are analyzed theoretically. By splitting the electron density fluctuations into the individual part and the collective part, the authors mainly study the collective oscillation of the relativistic electrons resulting from the electromagnetic interactions. Consequently, the authors derive the frequency of the high-temperature plasma and the "Debye length" with relativistic modification. Secondly, considering the Coulomb-hydrodynamic explosion induced by the interaction between a deuterium cluster target and ultra-intensity femtosecond laser, the mechanism which generates energetic deuterium nuclei for the fusion has been analyzed. The formulas for expansions of deuterium ion cluster, which are driven by Coulomb-hydrodynamic explosion, are proposed; and hence the kinetic energies of deuterium nuclei, the expansion time and exploding efficiency of deuterium ion cluster have been estimated. Finally, in muon-catalyzed fusion, the influence of laser fields on $\mu^3 He$ muonic atom ionization is studied.

The main results are as follows:

(1) The collective behavior of relativistic electrons in the hot plasma. (a) For the relativistic plasma, how to fix the Lorentz factor of particles in the system is an important

problem. we resolve this problem by demonstrating the exact relation between average Lorentz factor and temperature in relativistic plasmas. A rather simple relation is also obtained for the ultra-relativistic case. (b) By introducing the Lienard-Weichert potential for the relativistic electrons and splitting the electron density fluctuations into the individual part and the collective part, the authors study the collective oscillation of the relativistic electrons resulting from the electromagnetic interactions. Consequently, the authors derive the oscillation frequency of the hot plasma and the "Debye length" with the relativistic modification. The authors show that the increase of the plasma temperature, as well as that of the velocity of the electrons, leads to the decrease of the plasma frequency and the increase of the "Debye length". Moreover, this trend becomes more obvious when the plasma temperature is higher. (c) The authors study the energy loss of a fast-electron beam due to the excitation of the collective oscillation in the hot plasma. It is shown that the energy loss based on the relativistic modified with increase in the hot plasma temperature the difference becomes more obvious. In a dense electron gas, we know that for phenomena involving distances greater than the Debye length, the system behaves collectively; for distances shorter than this length, it may be treated as a collection of approximately free individual particles. For the hot plasma with the same electron density, the increase of the "Debye length" causes the decrease in the number of the electrons participating in the random thermal motion. Therefore, in the hot plasma, the energy loss based on the relativistic modified collective excitation becomes smaller than that based on the conventional one.

(2) Researches on the interactions between clusters and

intense femtosecond laser pulse have recently been a hot field. Atomic clusters formed in supersonic expansion of a high-pressure gas into vacuum have been proposed recently as an alternative solution combining the advantaged of both gaseous and solid targets. For instance, recent experiments on clusters irradiated by intense laser pulses have revealed several extremely high-energetic phenomena not encountered in previous experiments restricted to atoms and small molecules: efficient generation of highly charged atomic ions, generation of keV electrons and very energetic ions with MeV kinetic energies, and emission of intense X-rays. Meanwhile clusters are considered as bridge systems between isolated molecules and the condensed matter. Based on the production of high-ion-temperature plasmas, table-top nuclear fusion from explosions of intense femtosecond laser-heated deuterium clusters is realized. The authors have divided small deuterium clusters expansion into two stages when the clusters are irradiated by an intense femtosecond laser pulse. The first stage is mainly the hydrodynamic expansion during unbound electrons moving out the cluster. The time of electrons escaping from the cluster is so short that the cluster expansion time and size can be neglected, but the ion energy in the expansion stage is considerable, thereby, this expansion stage make provision for the next stage. The second stage is pure Coulomb expansion after electrons escape from the cluster. The Coulomb explosion time is multi-femtosecond, which is approximately equal to the rising time of the laser pulse to irradiate the D cluster. In particular, increasing the intensity of the laser pulse which is irradiating the deuterium cluster, we can increase the D+ ion energy, but, reduce the exploding efficiency. On the other hand, increasing the D cluster size, we can raise both the exploding efficiency of the D cluster and D+ ion energy, so as to drive DD nuclear fusion more effectively.

（3） Muon-catalysed fusion research encompasses many disciplines, including atomic, molecular, nuclear and particle physics, chemistry and accelerator technology. In the 1970s the observation of an unexpectedly strong temperature dependence of the neutron flux from dd fusions after injection muons into deuterium led to the discovery of a new resonant process for the formation of the muonic molecule $dd\mu$, which eventually revived interest in the whole field of muon-catalysed fusion. In order to reduce the muonic sticking loss in muon-catalyed fusion, we study the influence of different laser intensities and wavelengths on $\mu^3 He$ penetron-atomic ionization. The one-dimensional time-dependent Schrödinger equation is numerically solved; Results show that the ionization probability is about 2.7 percent when the magnitude of laser intensity is from 10^{19} W/cm^2 to 10^{23} W/cm^2, and can increase obviously when the laser intensity reaches 3.0×10^{24} W/cm^2, furthermore, the ionization probability increase as the laser intensity and wavelength, that is to enhance the efficiency of the muon-catalysed fusion. In addition, the ionization probability in two-color laser field is much more than that in one-color laser, the ionization probability in the laser with $\omega_h = 3\omega_f$ is larger than that of $\omega_h = 2\omega_f$, and rate of $\mu^3 He$ ionization changes along with relative phases.

Key words   super-hot plasma, relativistic electrons, collective oscillation, ultra-intense laser, ionization, catalyzed fusion, muonic sticking

目　　录

第一章　绪论 ……………………………………………… 1

　1.1　研究背景、国内外现状及发展 ………………………… 1

　1.2　主要工作 ……………………………………………… 19

第二章　高温等离子体中电子运动的集体描述 ……………… 23

　2.1　高温等离子体中平均洛伦兹因子与温度的关系 ……… 23

　2.2　高温等离子体中电子间的相互作用 …………………… 28

　2.3　在库仑力作用下电子行为的集体描述 ………………… 34

　2.4　快电子束在高温等离子体中的能量损失 ……………… 39

第三章　飞秒激光脉冲加热氘团簇引发核聚变 …………… 45

　3.1　强激光场与团簇的相互作用 …………………………… 46

　3.2　强激光场中氘团簇膨胀引发核聚变 …………………… 58

第四章　μ^- 子催化核聚变中强脉冲激光对介原子 $\mu^3 He$ 的
　　　　电离 ………………………………………………… 68

　4.1　单色激光场对介原子 $\mu^3 He$ 的作用 ………………… 69

　4.2　介原子 $\mu^3 He$ 在双色激光场中增强电离的行为 …… 76

　4.3　讨论 …………………………………………………… 79

第五章　回顾与展望 ……………………………………… 82

　5.1　论文工作的总结 ……………………………………… 82

　5.2　待解决的问题与对未来的展望 ………………………… 84

参考文献 ……………………………………………………… 87

致谢 …………………………………………………………… 110

第一章 绪 论

1.1 研究背景、国内外现状及发展

1.1.1 超强短脉冲激光与高温等离子体

最近十几年,激光在获取高功率、高强度脉冲的能力上发生了革命性的变化. 啁啾脉冲放大技术[1,2]使人们可以从高储能介质中有效的提取能量并得到超短脉冲,同时避免由于高强度而产生非线性效应. 目前,在劳仑兹·利弗莫尔国家实验室已建成输出为 1.5 PW(1 PW$=10^{15}$ W)的高功率激光系统,它的聚焦辐射强度可达到 10^{21} W/cm^2,这对应的电场强度为 $\sim 8 \times 10^{11}$ V/cm,大大超过介质中原子内的库仑场强. 从而开辟了超强激光场与物质相互作用的新领域[3~8].

当激光中的电场强度超过 10^{11} V/cm 时,激光场中的电子将以相对论性速度振荡,电子的相对论性质量大于电子的静止质量. 这时,激光中的磁场部分也具有重要的作用. 这种超强激光在介质中的传播会出现非线性效应,如自聚焦、自调制、谐波产生等. 因而开辟了由相对论性电子参与的新的非线性光学. 这个领域的研究进展迅速,像激光-电子加速器和激光-X射线源等新的研究工具在不远的将来也将出现.

不久将要出现更强的激光脉冲,其强度达 I$\sim 10^{24}$ W/cm^2. 这样强的激光与等离子体的相互作用时,连质子都要作相对论性振动,一些高能轻核碰撞会发生更多的聚变反应,进而会产生介子、μ 介子和中微子[9].

激光与物质相互作用可以根据靶的密度分为两类:即稀薄密度

1

靶和高密度靶. 大气密度气体靶是典型的前一种情况, 固体密度薄膜是后一种情况.

（1）气体密度靶

气体靶中的电子行为与激光强度有关. 当光强较低时, 原子中的电子以与激光相同的频率（$\omega = 2\pi c/\lambda = ck$）发生振动. 当场强较高时, 产生多光子离化、隧道电离或越垒电离效应, 电子从原子中剥离. 当强度进一步增加时, 形成的等离子体中的电子的振动速度接近光速(c), 高速运动的电子具有相对论性质量, 这时, 力的洛仑兹方程中的磁场力 $\vec{v} \times \vec{B}$ 将变得很重要.

$$\vec{F} = \frac{d\vec{p}}{dt} = e\vec{E} + e\left(\frac{\vec{v}}{c} \times \vec{B}\right). \tag{1.1}$$

在相对论区域, 电子的振动动量 p 超过 $m_0 c$, 其中 m_0 是电子的静止质量, c 是光速. 设置一个标准的无量纲的矢势参量 $\vec{a}_0$, 其定义式为[9]

$$\vec{a}_0 = \frac{\vec{p}}{m_0 c} = \frac{e\vec{E}}{m_0 \omega c},$$

其中 e 是电子电量、$\vec{E}$ 和 ω 分别是激光场的电场振幅和频率. 矢势参量 $\vec{a}_0$ 的大小可以写为

$$a_0 = 0.85 \times 10^{-9} \sqrt{I}\lambda,$$

其中, I 为激光的强度（单位 W/cm^2）, λ 为激光波长（单位 μm）. 当 $a_0 \cong 1$ 时, 所对应的波长为 1 μm、强度 $\sim 10^{18}$ W/cm^2 的激光脉冲. 这时, 与电子的静止质量 m_0 相比, 电子的质量 m_e 开始显著的变化（这些相对论性区域早在 20 世纪 70 年代晚期利用大型的 CO_2 激光器第一次接近, 其工作波长 10 μm, 聚焦强度 10^{15} W/cm^2, 相应的 $a_0 \cong 0.3$[10]）.

在弱场条件下, 可忽略方程(1.1)中的磁力作用, 电子在电场力作用下沿偏振方向振荡. 但在强场条件下, 还必须考虑磁场力 $\vec{v} \times$

$\vec{B} \propto E^2 \vec{k}$ 的作用 ($\vec{k}$ 为激光的传播矢量),使电子产生纵向漂移运动. 电子在电场力和磁场力的共同作用下,沿偏振矢量 $\vec{E}$ 与传播矢量 $\vec{k}$ 所决定的平面内作类似 8 字形的运动. 随着场强的增加 ($a_0^2 \gg 1$),电子的纵向漂移运动 ($\propto a_0^2$) 开始大于横向运动 ($\propto a_0$).

由于电子的运动是周期性的,电子作这些类 8 字形模式运动时将会以谐波形式辐射光子,并且每一个谐波具有独特的角分布. 这涉及六十年前预言的非线性 Thomson 散射或相对论性 Thomson 散射[11].

等离子体是一个高度的非线性介质,利用超短光脉冲高功率激光很容易观测到等离子体中非线性光学效应. 例如激光束自作用引起的自聚焦、自陷、自位相调制和超加宽等[12].

自聚焦与介质的折射率和照射激光强度有关. 在等离子体中,激光的折射率

$$n = \sqrt{1 - \omega_p^2/\omega^2}, \tag{1.2}$$

这里 ω 是激光频率,ω_p 是等离子体频率,即等离子体中电子偏离平衡位置时的振动频率,$\omega_p = \sqrt{4\pi n_e e^2/m_e}$,$n_e$ 为等离子体中的电子密度,m_e 为电子质量,它与电子运动速度有关. 自聚焦的产生,存在着两种可能情况,即轴向密度低或轴向电子运动速度快.

不仅等离子体可以影响光,而且光也可以影响等离子体. 在激光辐照强度达到 10^{14} W/cm^2 时,在等离子体边界上的光压可达 $3 \cdot 10^9$ Pa,即 3 万个大气压,但在等离子体稀薄的外层,热压还大于光压 1 千倍[3]. 所以在这个过程中光压影响可不考虑. 但是,在接近临界密度和场幅度急剧增加时,情况向相反方向改变,有质动力(所谓电磁场压力)可以超过热压力.

有质动力的一个非常有趣的影响是激光束在等离子体中形成自聚焦,结果激光可以穿透对光不透明的区域,即此区域等离子体密度超过临界密度. 如果落在等离子体上足够强功率的光束径向不均匀,

光场强度向束轴方向增加,那么在径向产生有质动力,推动等离子体离开轴,结果等离子体内产生稀薄的沟道,导致光束可以穿透深的临界点——它自己在起始不透明的介质中打穿一个通道. 这个自聚焦的产生仅发生在高功率激光光束超过某个临界值时,这个值在很大程度上依赖于光束半径和等离子体密度. 实际上目前达到的激光束功率可以穿透超过临界密度 20 倍的等离子体.

1993 年,美国马里兰大学首次观测到自聚焦对激光束的引导[13]. 他们将 100 ps 激光脉冲聚焦于气压为 4 000 Pa 的氙气上,产生 6 mm 长的均匀等离子体. 在经过几个纳秒时间的膨胀过程后,形成所希望的轴对称电子密度分布. 他们用的探测脉冲,强度达 10^{14} W/cm^2. 初始聚焦(瑞利)长度仅 300 μm,随后聚焦在这个等离子体波导中. 这个"等离子体纤维"引导脉冲通过整个长度. 从而验证了高功率脉冲激光等离子体的波导设想.

另一种十分重要的设想是相对论性等离子体自波导. 当辐照激光功率大于临界功率 $P_c = 17(\omega^2/\omega_p^2)$GW 时,由于相对论效应致使电子质量 m_e 增大,等离子体频率 ω_p 因而变小,从而使折射率 n 增大. 因为激光聚焦时轴向光强最大,所以便形成了轴向折射率最大的波导. 1995 年,在法国 P102 亚皮秒太瓦激光器上,第一次观察到这种相对论性等离子体自波导[14].

以上讨论的是光压能够驱动大振幅的等离子体波,其驱动程度取决等离子体密度和激光脉冲宽度. 对于稀薄等离子体和短脉冲宽度、高强度激光,离子不像电子,没有足够的时间进行显著的运动. 当光压驱动电子时,将会产生局部电荷漂移. 静电回复力引起等离子体中电子以等离子体频率振荡(ω_p),产生交替的纯正电荷和负电荷区域,即产生静电波,它的传播的相速度几乎等于群速度,在稀薄等离子体中群速度接近于光速. 那么,一个相对论性电子将可能被持续加速.

在强激光的众多应用研究领域中,激光加速的研究受到人们广泛的重视. 强激光场中的电场能够达到 10^{12} V/m,远远高于常规加速器中的加速电场(约为 $10^6 \sim 10^7$ V/m). 如果能够利用这种高强度电磁场直接加速带电粒子,就有可能发展成为一种新型的具有高加速梯度的小型高能激光加速器. 但是在这一研究方向上,存在着长期困扰学术界的一个问题,即"真空中传播的激光束和自由电子间究竟能否发生净能量交换". 根据 Lawson-Woodward 定理[15,16],真空中的自由电子是不可能从激光束中获得净能量的. 其根据是:在真空中传播的光束可以看作是由一系列平面波叠加而成,因此其相速度总是大于或至少等于真空光速 c. 入射到光场中的粒子在光场中必将发生滑相,从而交替地处在加速相和减速相中,而不能获得可观的净能量增益. 但是随着近年来理论工作和实验工作的进展,人们对这一问题逐渐有了不同的认识[17~20]. 在这一问题研究中,取得了重要进展[21],发现由于真空中传播的聚焦激光束的衍射效应,使得激光束外缘存在着低相速区,即光场相速度 v_φ 小于 c 的区域,并基于这一特性提出了一种新的真空激光加速电子机制,即俘获加速机制(CAS). 其物理原理是由于上述低相速区中还存在着较强的纵向电场分量,使得该低相速度区可以看作是一个"天然"的加速通道[22]. 类似于常规直线加速器加速管内的情况,在这个通道中运动的快电子与光场之间的滑相可能非常缓慢,因此能长时间保持在加速相位中,并被纵向电场加速到极高能量. CAS 模型正是提供了一种将相对论性电子注入该加速通道的办法[23,24]. 引人注目的是所产生的加速度的梯度(200 GeV/m)比传统的直线加速器产生的加速度梯度(<20 MeV/m)高四个数量级[25]. 人们建议很多途径来驱动等离子体波[25],包括等离子体拍频波加速器[26]、激光尾波场加速器(LWFA)[26]、激光自调制尾波场加速器(SMLWFA)[27~29]和电子感应共振加速器[30].

在这些加速电子的途径中,首先得到证实的是等离子体拍频波加速器[31,32],这是因为三十年前就发明了长脉冲中等功率的激光器. 最近,随着短脉冲高强度激光器的发展,激光尾波场加速器和激光自调制尾波场加速器开始得到证实. 在激光尾波场加速器中,等离子体电子波由短激光脉冲$(\tau \sim \tau_p)$通过激光有质动力的共振驱动. 在共振的激光等离子体加速器中,一长串具有可变脉冲宽度和交互脉冲间隔的 Gaussian 型脉冲可以随尾波场保持共振[33]. 在激光自调制尾波场加速器中,一个电磁波(ω_0, k_0)经过受激前向拉曼散射,衰变成一个等离子体波(ω_p, k_p)和另一个向前传播的光波$(\omega_0 - \omega_p, k_0 - k_p)$. 前向拉曼散射可以产生 100 keV 以上的极高能电子[34]. 在这种情况下,激光的脉冲宽度比电子等离子体周期要长,即 $\tau \gg \tau_p = 2\pi/\omega_p$.

为了产生高质量的相对论性电子束,电子需要注入到这些激光加速器中的等离子体波中的适当位置. 电子束可以由外部电子枪提供或者由等离子体本身产生. 由于等离子体波经具有不稳定性的后向拉曼散射和侧向拉曼散射[35~37],或者经破缺波(纵向[25]或者横向[38])的加速机制,可以任意加热电子. 这些电子会被等离子体尾波捕获,且产生高能电子束. 所产生的电子束的特征可以由注入方案进行控制[39~46].

由激光加速的电子束产生的大电流(kA)能够引起环状磁力线的磁场[47],圆偏振激光产生的电流环能够感应出轴向磁场[48]. 如果温度梯度垂直于密度梯度,那么与热电效应一起也能感应出螺旋管磁场. 所有的这些情况,可以产生兆高斯,甚至吉高斯场强[9].

(2) 固体密度靶

低强度的激光不能正常地进入大于临界密度的稠密等离子体,临界密度 n_c 是指离子体频率等于激光频率时的等离子体密度

$$n_c \equiv m_e \omega^2/4\pi e^2, \qquad (1.3)$$

其中 ω 为激光频率. 因此,固体密度靶的使用将出现不同的物理现象.

当电子被激光加热到高温或者加速到高能时,会与等离子体波中的离子分离. 这种电荷的漂移产生一个静电外壳,离子将受到电子的吸引力和其它离子的排斥力(类似于在原子电离时的"库仑爆

炸"),最终加速离子.尽管在长脉冲低功率激光等离子体实验中,靠热膨胀驱动电荷漂移,离子的最大能量低于 100 keV.但是,在短脉冲高功率激光等离子体实验中,激光直接驱动电荷漂移,可能会得到几个 MeV 能量的离子.这种现象首先在气体喷射靶实验中观察到,加速的离子向四周散开[49,50].而在后来的固体薄膜实验中[51~53],产生了准直射离子束.

强激光可以利用有质动力加热固体靶中的电子.当强激光从真空照射到固体密度靶表面时,电磁场逐渐在高于临界密度的区域衰减.瞬间的磁场力 $\vec{v} \times \vec{B}$ 会在光传播方向驱动电子;其频率是泵浦频率的两倍,大小正比于标准的矢势参量的平方,即 a_0^{2}[54].另外的一种重要的加热机制是随机加热[55,56].当从界面上反射的光波和入射的光波产生驻波时,会发生随机加热.电子在这种波中的运动是混乱无序的,导致电子的温度大幅度的提高(>100 keV).

如上面所指出的,电子的相对论性质量的变化将改变等离子体的频率.这样,对于以激光频率确定的等离子体的临界密度将会提高,导致强脉冲激光在固体靶中也变得透明.强激光脉冲的光压同样能从固体密度靶的界面向前面[57,58],或者向侧面推动等离子体,这个过程被称为"打孔"[59].

"打孔"的一个直接的重要应用就是惯性约束聚变的快速点火.近年来,随着超短脉冲激光放大技术的重大突破,有人提出了"快速点火"的技术方案[60],即在聚变燃料被均匀压缩到最大密度时,将一束超短脉冲激光(10^{-11} s)聚焦在靶丸表面(光强$>10^{20}$ W/cm^2),极高的有质动力在靶丸表面的等离子体上"打孔"并将临界密度面压向靶丸的高密核,此时,在这个过程中产生的大量的 MeV 能量的超热电子穿透临界密度面射入高密靶核使离子温度迅速升至点火要求的 $5\sim10$ keV 并实现点火.传统惯性约束聚变与"快速点火"聚变的示意图请见图 1.1.在快速点火惯性约束聚变中,由于将压缩和点火这两个过程分开进行,因此大幅度降低了对爆炸对称性和驱动能量的要求.目前美国利弗莫尔国家实验室和英国卢瑟福实验室等单位正加

紧进行有关实验. 利用光学诊断、超短脉冲激光在等离子体上的打孔
过程已被实验证实[61].

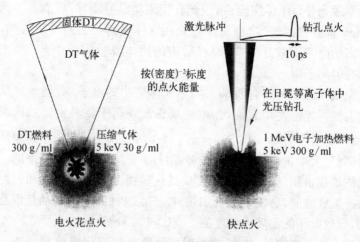

图 1.1 "快速点火"激光核聚变原理示意图

（3）物理模型解析解和数值解的研究进展

以上所讨论的各种现象, 人们已经利用对物理模型的解析方法
和对物理过程数值模拟进行了广泛的研究. 假设在一维或者激光的
光斑尺寸远大于等离子体的波长情况下, 对于强激光与稠密等离子
体的相互作用的非线性区域（$a_0^2 \gg 1$）, 理论上已经进行了很好的解
释[9]. 这一区域包括非线性等离子体波、波的破裂、准静态的激光传
输、不稳定性的非线性增长率和谐振的产生. 在这种近似下,
Numerous 流体、粒子和 Vlasov 方程同样适用. 在三维情况下, 对于
线性区域（$a_0^2 \ll 1$）, 很多同样的现象也可以解释[9].

三维非线性区域的研究已经取得了一些进展. 例如, 在高强度激
光场作用平面波的情况下, 可以用一元的冷流体 Maxwell 模型来处
理电子参量的不稳定性问题[62,63]; 前向拉曼效应和自调制不稳定性
的耦合也已经得到了一些新结果[64,65]; 人们还讨论了当等离子体温
度是非相对论性的, 而电子的振动速度是完全相对论性时的碰撞吸

收[66];也研究了由超强激光脉冲与重核(Z 很大)物质作用产生相对论性的超热电子,进而产生的正负电子对[67].一些研究者研究了在真空中用激光直接对电子加速[68,69].

通过计算机数值模拟,在这一区域也取得不少的进展.尽管有很苛刻的计算要求,但是三维的 Full-scale Particle-in-cell 模拟解出了Maxwell 方程、运动方程、方程(1),同时没有对任何粒子作近似. A. Pukhov and J. Meyer-ter-Vehn 两人所做的工作是早期的一个例子,在拥有 784 个处理单元的并行计算机 CRAY – T3E 内运算,利用 10^8 个网格单元模拟高达 10^9 个粒子来研究相对论性自聚焦现象、气穴现象[70]和稍后的打孔现象[71].另外,三维粒子模拟是完全外在的、面向对象的和并行的,它用来观察在等离子体中共同传播的激光束因相互吸引所造成的纠缠模式的构成[72].也研究由激光脉冲激发的等离子体尾波所产生的磁场[73].

Bulanov S V 等人用三维粒子网格模拟研究强激光脉冲在稀疏等离子体中的传播,展示脉冲的波前振荡、离子丝(filaments)和双层面(double layers)的形成[43],他们取圆偏振激光的标准矢势参量 $a_0^2 = 50$,质量比 $m_p/m_e = 1840$ 和 $\omega_p/\omega = 0.45$. Pukhov A 等人用三维 VLPL 编码研究由逆自由电子激光机制引起的电子加速[30].研究表明,在等离子体通道内传输的电子会由自生静电场和磁场所引起的电子感应加速器来实现振荡;如果激光功率大大超过相对论性自聚焦阈值,并且电子感应加速振荡与激光脉冲电场形成共振,那么电子将直接从激光中获得能量. 1999 年,Gahn C 等人做激光作用气体靶的实验,证实了在类似条件下激光直接加速电子的模拟结果[74].

在 $a_0^2 \ll 1$ 的极端条件下,用于研究尾波场的产生和激光传输的另一种编码称为 SIMLAC[75,76].在群速度框架中,它用来追踪脉冲的运动.当这种编码用来研究尾波场时,可以在相当长的传输距离内跟踪激光脉冲和尾波,这距离长达足以使电子加速到 GeV 能量.

激光场的三维波包方程可以解析地得到,它包括非近轴效应、尾波场和相对论性非线性效应[76].在宽光束、短脉冲极限情况下,忽略波方程中导致拉曼散射和调制不稳定性的非线性项,发现锥形等离子体通道增加了相移长度,进而最终增加电子的能量[77,78]. 若二维波包模型不作近轴近似,允许波以有限的群速度运动,利用自调制模型,发现自调制尾波场加速的增长率降低了[64]. 反向传播的长脉冲和短脉冲激光束的碰撞可以激发等离子体尾波[79],因而,人们[80]提出了当两束反向运动的激光脉冲在等离子体中传播时,会高效地加速电子的机制.

利用三维的试验粒子模拟,可以研究真空中激光束捕获且加速电子的基本条件及其特性[81]. 当 $a_0^2 \leqslant 100$ 时,电子被捕获,并且在大于 10 GeV/cm 的加速梯度下,电子被迅速地加速到能量大于 1 GeV. 2002 年,Salamin Y I 等人对第五级衍射角进行计算,表明从侧面注入到聚焦为 PW 量级功率的激光束中的电子可以被捕获,并获得 GeV 的能量[78].

另外,Startsev E A 等人提出了强激光脉冲有质动力的多时标表达式[82]. Shvets G 最近预言:当激光强度大于或者等于 10^{18} W/cm^2 量级时,会产生漂移的前向拉曼散射[83]. 理论研究表明非 Gaussian 型脉冲比 Gaussian 型脉冲更有效地驱动尾波场[84],这样,通过遗传算法,利用在实验上容易获得的脉冲型状可能会得到类似的进展[85]. 不少人已经通过粒子网格模拟和试验粒子模拟来研究加速的电子束在等离子体波中的行为[35,86~91].

人们用粒子网格模拟来广泛研究激光对固体靶中的电子和离子加速. 例如,在 10^{21}/cm^3 量级密度的靶中,可以利用三维的粒子网格模拟来探讨能量达 40 MeV 的质子[92]. 另外一个粒子网格模拟的结果表明,从靶后面发射的质子比从前面发射的质子占有更窄的相位空间[93]. 为了使场线会聚,使用球冠形的箔靶,可以产生较紧束的质子束[55]. 另外,对快电子、离子、韧致辐射 X 射线的角分布也进行了研究[94,95]. 模拟表明,在激光与球冠靶相互作用时所产生的快质子会聚焦在球心附近,激光能量转化到快离子能量的效率为 5%[92]. 在强激光(强度 10^{19} W/cm^2,脉宽 150 fs)与固体密度薄膜相互作用的模拟实验中,可以在靶的前面和后面观测到加速离子以及 10 MG 的磁场[96].

尽管最初在 20 世纪 60 年代对非线性 Thomson 散射进行了大量的理论分析,但是直到最近才出现很多有意义的数值模拟分析的工作. Esarey E 利用波动方程和流体方程分析由非线性的后向拉曼散射机制所产生的谐振现象[97]. 对于电子束的情况,发现后向拉曼散射发生了多普勒泵浦频移. 同时探讨了[98]受激拉曼散射效应. Rax J M 等人从相对论性的 Lorentz 方程出发,先确定等离子体中的粒子流密度,进而研究相对论性谐振的产生[99].

2003 年,He F 等人通过计算由超强激光场对电子的 Thomson 散射光谱发现,电子的非线性 Thomson 散射谱严格地依赖超强激光场的幅值和电子与激光电场相遇时的相位. 与一些习惯观念相反,Thomson 散射光谱的谐振现象一般不在激光频率整数倍处发生,散射光谱的最大频率正比于电场强度的一次幂,而不是电场强度的三次幂[100,101].

在环形轨道中以相对论性速度运动的带电粒子会产生超短脉冲辐射. 如果辐射源的尺寸小于激光波长,可以认为这些超短脉冲的辐射是一致的,因为所有的次级源遇到同相位的入射激光[9]. 根据辐射理论,这些超短脉冲的辐射功率与源数目的平方成正比;这样,有人导出了具有最大辐射能的最佳电子数[102]. 此外,电子圆形轨道的另一个优点[92]是能够在旋转中心产生在天文上有重大意义的磁场. Ueshima Y 估算了由拉莫尔进动和韧致辐射产生的 X 射线的功率、能谱、亮度(briliance)、极化作用和时间的关系[103].

2002 年,Khokonov M 按照非同步辐射类型的标准谱线,第一次描述了相对论性电子作任意运动所产生的辐射谱线[104]. 最终表明,这种非同步辐射谱线不仅依赖于瞬间的轨道曲率,而且还依赖于轨道的二次微分和螺旋性. 这样为同步辐射的近似提供了一个基本的修正.

Catravas P 等人提出了利用小角度的 Thomson 散射产生小于

100 飞秒的 X 射线辐射的一种方案[101,105,106]. 通过高亮度的电子束与
高强度超短脉冲激光耦合,将产生 8~40 keV 能量的光子辐射,其脉
冲周期可以与输入的激光脉冲的周期相比拟,而峰值光谱亮度接近
第三代同步辐射光源的亮度.

粒子网格法模拟还研究了激光与界面相互作用产生的谐振现
象. 结果预言,正常入射圆偏振激光所产生的谐振现象[107~109],每次谐
振具有不同特征的角分布. 用相对论性的粒子网格法模拟研究离化
现象,发现超强激光脉冲与稠密等离子体靶相互作用时会产生强辐
射阻尼作用. 当强度为 10^{22} W/cm² 和脉冲周期为 20 fs 的激光脉冲辐
照到固体靶时[110],产生热电子,激光能量的转化率将超过 35%. 模拟
表明,激光辐照的效率随着激光强度非线性增加. 类似于回旋加速器
中的辐射,在超强激光脉冲产生的等离子体中,辐射阻尼会抑制相对
论性电子的能量.

1.1.2 飞秒强激光与团簇的相互作用

气体靶物质和固体靶物质与飞秒强激光的作用过程颇为不同.
气体原子与飞秒强激光作用的过程是单体行动,而固体靶飞秒强激
光的作用过程是集体行动. 那么强场作用下的单体行为如何向多体
行为过渡的呢? 这就要研究气体与固体的中间物质——团簇与飞秒
强激光的作用过程.

团簇是介于原子分子与固体之间的一种特殊的物质形态. 团簇
中的气体原子或分子一般由 Vander Walls 力束缚在一起. 其大小一
般可由如下公式估计:

$$R_c = r_c N_c^{1/3},$$

其中 R_c 为团簇球体半径,r_c 为原子半径,N_c 为组成团簇的原子数目.
实验上,一般采用瑞利散射法[111,112]来测量团簇的尺寸和分布.

1994 年,Mc Pherson 等人用强激光($\sim 10^{17}$ W/cm²)照射小团簇
Xe 时,观察到了高电离态离子产生 4~5 keV 的瞬时 X 射线辐

射[113~115]. 他们认为,强场作用下的团簇由于内壳层电离产生了"空心原子". 这一研究引起了科学界的广泛关注,许多实验室纷纷开展这方面的研究工作. Ditmire 等人对大团簇进行了系统研究,观测到了较长寿命的强 X 射线辐射[112,116]. 团簇内的电子被激光共振加热后碰撞原子或离子可产生高离化态的离子,如 Xe^{20+} , Kr^{18+} 的离子已在 Snyder 等人的最近实验中观察到[117]. 电子与离子碰撞时的逆韧致吸收机制会导致高达 keV 的高能电子产生[118]. 1997 年,Ditmire 等人的实验报道了高能、高电荷态离子从强激光加热的团簇中爆炸出来[119~121]. 1999 年,Ditmire 等人用 D_2 团簇与飞秒强激光脉冲相互作用,实现了"台式聚变"[122].

激光与团簇相互作用的研究将有助于建立强场下单个原子的性质与集体效应之间的桥梁. 通常采用惰性气体团簇作为强场团簇研究的介质,这可能缘于单个惰性气体原子在强场中的动力学特性已被广泛研究之故. 实验上,研究者将高压(几个大气体)的惰性气体绝热膨胀进入真空系统,冷却引起超饱和及核化,从而形成大尺寸(几千~几万个原子/团簇)的团簇. 团簇气体具有很特殊的性质:其平均宏观原子密度在气体水平,然而其局域原子密度却与固体无异. 因而团簇气体兼具气体和固体的性质. 可以说对它的研究将有助于理解物质从气体性质到固体性质的过渡过程. 因此,强场团簇物理的研究备受关注.

如前所述,团簇物理的实验研究已经观察到许多奇特的现象:如高电离态、高能离子、硬 X 射线辐射等. 然而隐藏在这些现象下的物理本质却还没有被清楚认识. 这意味着团簇光物理的理论研究正亟待深入. 另外,团簇物理之所以成为强场物理研究的热点之一,不仅在于其独特的性质介于气体与固体之间,而且强光场驱动的团簇会辐射出强的超短 X 射线. 这在许多应用领域如生物学等方面存在极其重要的应用价值. 团簇物理的研究将会在以下方面展开:

成为下一代 X 射线激光的可能增益介质. 目前,X 射线激光的增益介质是剥离原子外壳层电子的激光等离子体. 这种增益介质可以产生的 X 射线激光的最短波长大约为 2 nm 左右. 而 Mc Pherson 等人的实验显示：强激光作用下的团簇会产生内壳层排空的"空心"原子,而这样的"空心"原子中外壳层电子向内壳层跃迁时的辐射波长低于 0.1 nm. 很明显这种"空心"原子可以成为潜在的 X 射线激光增益介质. 世界上许多实验室都在这方面探索,如英国牛津大学等. 然而,这样的空心原子的产生机制却还有待探索.

超短的强 X 射线源. 强激光作用下的原子团簇会在库仑排斥和流体力学机制作用下膨胀开来. 而一旦团簇膨胀,其产生的 X 射线辐射会很快衰减. 这种特性暗示了强激光驱动的团簇可以成为一种有效的超短 X 射线源. 可以用一超短激光脉冲"点火"团簇产生 X 射线辐射,而其后电离团簇的膨胀将很快"掐灭"这种辐射,因而这样得到的 X 射线源是超短的,在飞秒量级. 这对许多生物学或固体物理中的实时探测非常有用.

高能(MeV)离子爆炸机制. 强激光照射下团簇中产生高能离子爆炸的现象已在最近的实验中观察到[120,121]. 法国的一个研究小组也通过实验研究了高能离子的爆炸机制[123]. 他们的实验显示了高能离子的产生是"库仑爆炸"和"流体动力学"膨胀的共同结果;而 Ditmire 实验组则认为高能离子的产生是团簇内静电势加速的结果. 可见,探索高能离子产生机制的理论研究正有待深入.

离子高电离态的产生机制. 目前,实验上已经观察到非常高阶离化态原子的产生,如 Xe^{50+} 等[119]. 一般认为：如此高阶离化的原子是由于高能电子的碰撞所致. 但电离点火模型则认为：它是由于激光场和离子场共同作用原子逐步电离所产生的. 那么,哪一种机制更占优势呢? 这是实验和理论研究共同面对的问题.

对高次谐波物理本质的探索. 目前的气体高次谐波主要是由于超短脉冲激光与等离子体中的个体相互作用而产生的. 而固体的高次谐波则主要由超短脉冲激光与等离子体的集体相互作用产生. 这两种不同的高次谐波产生机制完全貌似不同,其实二者之间很可能有更本质的联系. 团簇,这种特殊的物质形态正好介于单个原子与固体之间,通过对团簇高次谐波的研究,很有可能会最终建立单个原子高次谐波与集体效应高次谐波之间的联系,从而获得对高次谐波物理本质的更深层次的理解.

1.1.3 μ 子催化核聚变

目前有几种方法研究热核反应:托克马克、仿星器、激光惯性聚变等.尽管各不相同,但都应用一个共同的原理:使等离子体中的轻核加热到一定温度,使一部分轻核能穿过库仑势垒形成复合核.这种思想与通常的加速化学反应的思想没有什么本质不同.为了加快反应,我们常对反应物进行预热.另一种加快反应的方法是利用催化剂.那么,关于 μ 子(除了特别说明外,本文出现的 μ 子通常是指带负电的 μ^- 子)催化的聚变反应也就被提了出来.

μ 子催化聚变涉及许多学科,包括原子,分子,核和粒子物理,化学和加速器技术. μ 子催化聚变的想法在 1947 年就提出[124]:依据 μ 子形成 $dd\mu$ 分子,核反应就在其内发生. Luis Alvarez[125] 等人最早在 1957 年观察到了 μ 子催化聚变现象,当时前景一片光明,认为不用外部磁场或者激光就能实现可控核聚变.然而很快这种想法便被抛弃.主要因为当时没有认识到,在 μ 子的寿命时间内(2.2×10^{-6} s)怎样有效使用 μ 子,也就是说一个 μ 子仅能催化很少几次聚变,而当时的实验中观察到一个 μ 子还催化不了一次聚变,结果聚变很快就会熄灭.到了 1976 年,Vesmann[126]在理论上提出 μ 介分子的形成过程可能存在共振机制.1977 年前后,杜布纳小组[127]在实验上证实就 $dd\mu$ 介分子的形成来看,确实存在共振机制,Gershtein 和 Ponomarev 进一步在理论上确认了不仅 $dd\mu$,而且 $dt\mu$ 在形成时也存在共振机制[128].由于共振机制的发现,使得介分子的形成率大大提高.这一惊人的成果,促使人们重新考虑使用 μ 子催化连锁反应产生能源的可能性.因此 μ 子催化的聚变反应在进入 20 世纪 80 年代后又成为一个热门话题.

同高温核聚变一样,μ 子催化聚变中的 $d-t$ 反应较其他反应有许多优越之处,不少人的主要注意力放在此反应上[129,130]. 目前对这方面问题的研究,国内在理论和实验上的研究尚属空白,反映出国内对此问题的研究不是太深入. 国外已有不少优秀的研究成果,但离实现可增益的 μ 子催化聚变的目标仍有很远的距离,尚有许多理论和实验难题需要解决. 已有的理论工作,大多仅仅侧重计算 μ 子催化聚变过程中的某一两个有关的物理量,缺乏系统综合的考虑.

(1) μ 子催化聚变的基本思想

μ 子催化聚变(MCF 或 μCF)的基本思想并不复杂,图 1.2 所示 μ 子在 $D_2 + T_2$ 混合物中的催化过程[6]. 带有负电荷的 μ 子(半衰期 $\tau = 2.2 \times 10^{-6}$ s,质量 $m_\mu = 206.769\, m_e$) 被引入氢同位素的混合物 $D_2 + T_2$ 中. 具有 MeV 量级能量的 μ 子,在和原子碰撞过程中不断使原子电离和激发,从而损失能量,慢慢减速. 当 μ 子的速度与价电子的速度差不多时,其能量约为几个 keV. 再经过减速阶段以后,μ 子进一步损失能量,直至 μ 子本身只作热运动,在此过程中便形成 $d\mu$ 和 $t\mu$ 原子 $d\mu$ 和 $t\mu$ 原子再与分子 D_2、T_2 碰撞过程中形成介分子 $dd\mu$、$d\,t\mu$ 和 $tt\mu$(准确地说应是 $(dd\mu)^+$、$(dt\mu)^+$ 和 $(tt\mu)^+$ 介分子离子).

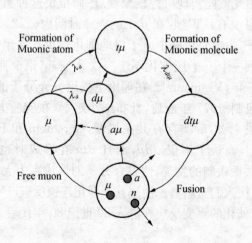

图 1.2 μ 子催化核聚变的示意图

图 1.2 中的 λ_a 是 $d\mu$ 介原子和 $t\mu$ 介原子的形成率，$\lambda_{dt\mu}$ 为 $dt\mu$ 介分子的形成率，由于后面将会解释原因，几乎所有的 $d\mu$ 原子会转变成 $t\mu$ 原子

$$d\mu + t \rightarrow t\mu + d,\tag{1.4}$$

其相应的 μ 子转换率为 λ_{dt}.

后面我们会看到，在介分子中两个核的距离非常近时，由强相互作用引发的聚变会立即发生. 反应后，有两种可能性:

$$dt\mu = {}^4He + n + \mu^-,\tag{1.5a}$$

$$dt\mu = \mu^4He + n.\tag{1.5b}$$

由反应式(1.5a)，μ 子被释放出来；由(1.5b)，μ 子与 He 形成介原子，形成介原子 μ^4He 的几率（或称为粘附系数）为 W_s，另一过程(1.5a)便有几率 $(1-W_s)$ 的 μ 子被释放出，去催化下一轮反应

$$\mu^- \rightarrow t\mu \rightarrow dt\mu \rightarrow {}^4He + n + \mu^-.$$

(2) μ 原子形成过程中的特性

μ 子是轻子，不参与强相互作用，其自旋为 $1/2$，是费米子，它的各种特性与电子很相似. 因此带负电的 μ 子与原子核相互作用形成与电子原子相似的介原子（如 $d\mu$、$t\mu$ 等）. 但 μ 子质量是电子的 206.769 倍，因此介原子基态的结合能

$$E_1 = -\frac{m'_\mu e^4}{2\hbar^2},$$

m'_μ 为约化质量 $m'_\mu = \dfrac{m_\mu M}{m_\mu + M}$，$M$ 为原子核质量，其 m'_μ 大约是电子质量的 200 倍. 而 μ 子轨道离原子核很近，其波尔半径 $a_\mu = \dfrac{\hbar^2}{m'_\mu e^2} \sim 2.7 \times 10^{-11}$ cm，约是电子波尔半径的 $1/200$，这一点在 μ 子对核聚变的"催化"中有重要意义. 在由 D 和 T 组成的混合介质中，μ 子像电子

那样起到化学键的作用,使 D 和 D、D 和 T 以 μ 子为媒介形成介分子 $dd\mu$ 或 $dt\mu$,其介分子尺寸大小 $2a_\mu \sim 5.4 \times 10^{-11}$ cm,而相应的电子分子大小 $2a_0 \sim 10^{-8}$ cm. 这样,在介分子中,核间距离接近核力范围时通过隧道效应以相当大的几率贯穿库仑势垒. 因此只要介分子形成,强相互作用力会诱发聚变反应,并以极快的速度发生.

由于 $p\mu$、$d\mu$、$t\mu$ 的约化质量有较大区别,故不同的氢同位素的 μ 原子的能级有较大差值 ΔE,这将使 μ 子以较大的速率由轻的同位素转移到重的同位素,即 $d\mu + t \rightarrow t\mu + d$,这样即使在 D_2、T_2 混合物中 t 的含量很小,在可能形成的介分子 $dd\mu$、$dt\mu$ 中,仍以后者为最多.

表 1.1　μ 原子基态能级特征

	M/m_e	$-E_1$(eV)	ΔE(eV)
μ		206.769	
p	1 836.152	2 528.437	$\Delta E_{pd} = 134.705$
d	3 670.481	2 663.142	$\Delta E_{pt} = 182.745$
t	5 496.918	2 711.182	$\Delta E_{dt} = 48.040$

(3) μ 子催化聚变中的主要研究内容

μ 子催化聚变现象的实验和理论研究在许多国家的实验室和一些理论小组进行,目前 μCF 的主要研究内容集中在以下几个方面:

1) μ 与 D、T 核形成介原子

2) 这些介原子经历不同的散射过程,直到一部分介原子形成介分子,不同的散射几率还须更深入的研究.

3) 介分子在振动量子数 $J = 1$ 的态大量地形成介分子.

4) 考虑介分子不同的振动——转动态,这些考虑对介分子及随后的过程有非常重要的作用.

5) 介分子 $dd\mu$ 和 $dt\mu$ 通过共振机制而形成,已证明这种机制是十分重要的,这导致了整个催化过程与温度的依赖关系.

6) 由于共振过程严格地依赖于碰撞能量,就需要对介分子能级

做精确的计算.

7) 由于介分子 $dd\mu$、$dt\mu$ 共振机制的重要性,需要用实验对理论进行验证,以表明是否正确.

8) 介分子从转动-振动激发态的跃迁,这些跃迁可导致使聚变发生的态和介分子的衰变.

9) 接下去需要了解的是发生核反应,包括核聚变.

10) 在催化周期中由于粘附到 He 核上导致 μ 子的损失,粘附在 He 上的 μ 子通过所谓的"剥离"反应又被释放出来,从而提高催化效率.

11) 最后,为确定 μ 子催化的最佳条件,需要对整个催化过程的动力学特征作考虑.

1.2 主要工作

本文主要研究了由超强激光所产生的相对论性等离子体中平均洛仑兹因子与温度的关系、电子的集体振荡行为,进而研究快电子束在高温离子体中传输时由于电子的集体振荡所起的能量损失;探讨了强激光与氘团簇相互作用时产生核聚变的机制;在 μ 子催化核聚变中,研究了激光场中 $\mu - He$ 介原子的电离行为,把粘附在 He 上的 μ 子释放出来,参加下一轮的催化反应. 论文的主要工作和创造性的成果有以下几个方面:

1.2.1 相对论性等离子体中平均洛仑兹因子与温度的关系

相对论性等离子体可以用一系列物理参数:洛仑兹因子、等离子体频率和德拜长度等来描述;而所有参数大多与洛仑兹因子相联系.由此可知,洛仑兹因子在激光-相对论性等离子体的研究中是一个常见的并且非常重要的参数.据我们所知,要测量洛仑兹因子(或其平均值)和包含洛仑兹因子的其它参数是很困难的,有必要找到洛仑兹因子与可测量的物理量——温度的关系.由于运动粒子存在着速度分布律,高温等离子体中的各个电子的洛伦兹因子不尽相同,因此我们[131]假设高温等离子体平衡时具有相对论性的 Maxwellian 分布,在此基础上研究了平均洛仑兹因子与温度的关系,推导出在相对论性等离子体中平均洛仑兹因子与温度关系的严格解析表达式,进而在极端相对论(温度 $T_e > 500$ keV) 的情况下,得到了电子的平均相对论性动能正比于系统温度的结论.

1.2.2 高温等离子体的振动频率、相对论性电子集体振动引起的能量损失

我们在本课题组前期工作[132]的基础上进一步研究了高温等离子体中相对论性电子的集体行为,发现了高温等离子体的振动频率与等离子体温度之间的联系. 我们[133]的理论结果表明:高温等离子体频率随电子温度上升而单调下降. 当温度不太高时,等离子体频率随温度的变化较缓慢;当温度 $T_e > 20$ keV 时,等离子体频率随温度的变化很明显,说明存在着显著的相对论效应.

在这一部分,我们[134]研究了在高温等离子体中传输的快电子束中单个电子的集体响应. 当快电子的运动速度大于系统中电子的平均热速度时,我们计算了由于集体振动的激发而引起快电子的能量损失. 理论结果表明:相对论修正的集体激发引起的单位距离能量损失比非相对论的集体激发引起的单位距离能量损失明显减小. 我们知道,对于稠密电子气体,在大于德拜长度 λ_D 的范围,系统倾向于产生集体振动行为;而在小于德拜长度 λ_D 的范围,则与单个电子的自由热运动相关. 由此我们认为:对于电子密度确定了的高温等离子体而言,由于德拜长度随等离子体温度的上升而增大,这就使得"德拜球"外参与集体振动的电子数减小,而"德拜球"内参与自由热运动的电子数增加. 从而,在相对论性的高温等离子体中,集体激发引起的能量损失比通常等离子体中的小.

1.2.3 飞秒激光与团簇相互作用时电子迁移的机制

超短脉冲激光与团簇相互作用研究是近几年内的事,目前还处

于研究的初级阶段[135]，所得到的实验结果并不多. 现在已提出的理论模型还不能很好地描述这个超快的相互作用过程，而且关于相互作用机制的解释还很不一致. 我们[136]首先对团簇电离、加热、膨胀和电子逃逸等现有的理论模型作了一些分析和研究，然后提出一种电子迁移的可能机制：众所周知，团簇本身的密度是近固体密度，当它与强激光作用且内部原子充分电离时，团簇膨胀前可以认为是过密等离子体，穿透进团簇的激光场中的磁场部分对电子运动的影响是不可忽略的，团簇内的自由电子会在激光场的洛仑兹力作用下产生迁移，并逃逸出团簇. 数值计算结果表明在激光脉冲达到最大值之前，电子会沿激光传播方向逃离团簇.

1.2.4 强激光脉冲与氘团簇相互作用时产生核聚变的机理

当强激光脉冲照射到中等尺寸的氘团簇时，我们[137]针对团簇膨胀过程提出了双重膨胀的机制：团簇依次发生流体动力学膨胀和库仑爆炸. 氘团簇在库仑爆炸之前，即电子逃逸团簇期间，应存在一个流体动力学的膨胀过程，尽管该过程时间很短，但产生的离子动能应该是很大的，它为库仑爆炸提供了一个初始动能，使团簇爆炸更加猛烈. 研究结果表明双重膨胀产生的氘离子动能比单纯库仑爆炸产生的动能[138]更接近实验结果. 此外，我们[139]还对氘团簇的爆炸效率进行了研究，发现氘团簇的爆炸效率随着照射的激光强度的增加而减小、随着团簇的尺寸的增加而增加. 也就是说，增加激光脉冲强度，在团簇爆炸时可以增加氘离子的动能，但降低了爆炸效率；只有增加团簇的尺寸，既可以增加氘离子动能，又可以提高爆炸效率，以便更有效地引发 DD 核聚变.

1.2.5 μ 子催化核聚变中激光对 $\mu\text{-}He$ 介原子电离行为的研究

在 μ 子催化 $d\text{-}d$ 聚变反应中，有两个反应道，其中一个反应道

所产生的 μ 子可以参加下一轮的催化反应,但另一个反应道产生的 μ 子会被反应物 ^3He 粘附形成介原子 μ^3He,被粘附的 μ 子不能参加下一轮的反应. 我们[140,141] 首次提出利用强脉冲激光,把介原子 μ^3He 中的 μ 子电离出来,这样可以降低粘附损失,提高催化效率. 通过数值求解了一维含时的 Schrödinger 方程,研究了 μ 子催化核聚变反应中激光强度和波长对介原子 μ^3He 电离的影响. 发现当激光强度为 $10^{19} \sim 10^{23}$ W/cm^2 量级时,介原子 μ^3He 有 2.7% 左右的电离率;当激光强度达到 6.0×10^{24} W/cm^2 时,对介原子 μ^3He 有显著的电离,并且电离率随着激光的强度、波长而递增,进而会有效提高 μ 子的催化效率. 我们[142] 利用双色激光场对介原子 μ^3He 作用,发现电离率比单色激光场时有明显的增加,并且双色激光场中的相对相位对电离率有灵敏的控制作用.

第二章 高温等离子体中电子运动的集体描述

高强度的激光束与凝聚靶相互作用可以产生高温、高密度的等离子体,可以把电子加速到相对论性的能量,这在许多领域有重要的应用:如激光-粒子加速[25]、惯性约束聚变快点火方案[60,143,144]、强 X 射线源和快离子源的产生[53,145].研究高温等离子体,这对于激光核聚变、激光模拟核爆炸过程、天体状态及演化的研究具有重要的理论价值和实际意义[3].在过去的十多年中,相对论性的激光等离子体物理引起了人们许多兴趣[146],Mora 等人在理论上研究了相对论性的激光等离子体物理[147~149];Pegpraro 和 Porcelli[150]分别从相对论性的流体方程和 Vlasov 方程导出了静电等离子波的色散关系;Jan Bergman 和 Bengt Eliasson 获得了非磁化的相对论性等离子体中的线性波的色散关系[151].

在这一章,我们首先导出了高温等离子体中平均洛伦兹因子与温度关系的表达式;接着用集体描述的方法探讨高温等离子体中电子运动的行为,从中得出了高温等离子体的频率和德拜长度,发现高温等离子体频率与温度有着密切的关系;最后,我们对电子束在等离子体中运动所产生的能量损耗作了初步的研究,从中知道电子束在等离子体中的能量沉积不仅与电子束速度有关,而且与高温等离子体的频率或温度有关,这对激光核聚变点火的研究有着实际意义.

2.1 高温等离子体中平均洛伦兹因子与温度的关系

大家知道,相对论性等离子体可以用洛伦兹因子 γ、等离子体

频率 ω_p 和德拜长度 λ_D 等一系列参数来描述,但要测量这些包含洛伦兹因子 γ(或者平均值 $\langle \gamma \rangle$)的参数是很困难的,因此,我们有必要找到洛伦兹因子 γ 与可测量的温度 T_e 的关系. 但是,由于系统存在着速度分布律,高温等离子体中的各个电子的洛伦兹因子 γ 不尽相同,我们应考虑平均洛伦兹因子 $\langle \gamma \rangle$ 与温度 T_e 的关系.

2.1.1 相对论性等离子体

在高温等离子体中,电子能量 ε

$$\varepsilon = \gamma m_e c^2 = \sqrt{p^2 c^2 + m_e^2 c^4}, \tag{2.1}$$

$$\vec{p} = \gamma m_e \vec{v}, \tag{2.2a}$$

或

$$p^2 = m_e^2 c^2 (\gamma^2 - 1), \tag{2.2b}$$

式中,$\vec{p}$ 为电子的动量、m_e 为电子的静止质量、$\vec{v}$ 为电子的速度、c 为真空中的光速,洛伦兹因子 γ 是

$$\gamma = \frac{1}{\sqrt{1 - v^2/c^2}}. \tag{2.3}$$

我们假设高温等离子体平衡时具有相对论性的 Maxwellian 分布,即 Juter-Synge 分布[152]

$$f(\gamma) = \frac{\mu e^{-\mu \gamma}}{4\pi m_e^3 c^3 K_2(\mu)}, \tag{2.4}$$

式中 μ 是一个无量纲参数

$$\mu = \frac{m_e c^2}{k_B T_e}, \tag{2.5}$$

$K_2(\mu)$ 是一个第二类修正的二阶 Bessel 函数.

第二类修正的 Bessel 函数 $K_n(x)$ 满足修正的 Bessel 方程

$$x^2 y'' + xy' - (x^2 + n^2)y = 0. \tag{2.6}$$

$K_n(x)$ 可以表示为[153]

$$K_n(x) = \frac{\sqrt{\pi}\left(\dfrac{1}{2}x\right)^n}{\Gamma\left(n+\dfrac{1}{2}\right)\displaystyle\int_1^\infty e^{-xt}(t^2-1)^{n-\frac{1}{2}}dt}. \tag{2.7}$$

对于各向同性的高温等离子体,电子的平均洛伦兹因子$\langle\gamma\rangle$可以写作

$$\langle\gamma\rangle = \iiint \gamma f(\gamma)d^3p = \int_0^\infty \gamma f(\gamma)4\pi p^2 dp. \tag{2.8}$$

把(2.2b)式和(2.4)式代入(2.8)式,得

$$\langle\gamma\rangle = \frac{\mu}{K_2(\mu)}\int_1^\infty \gamma^2\sqrt{\gamma^2-1}e^{-\mu\gamma}d\gamma. \tag{2.9}$$

利用(2.5)式完成这个积分,我们就得到了高温等离子体中平均洛伦兹因子$\langle\gamma\rangle$与温度 T_e 的解析关系式

$$\langle\gamma\rangle = \frac{1}{\dfrac{m_e^2 c^4}{k_B^2 T_e^2}K_2\left(\dfrac{m_e c^2}{k_B T_e}\right)} \times$$

$$\left[2I_1\left(\frac{m_e c^2}{k_B T_e}\right) + \frac{m_e^2 c^4}{k_B^2 T_e^2}K_1\left(\frac{m_e c^2}{k_B T_e}\right) + 3\frac{m_e c^2}{k_B T_e}K_2\left(\frac{m_e c^2}{k_B T_e}\right)\right], \tag{2.10}$$

其中, $I_1\left(\dfrac{m_e c^2}{k_B T_e}\right)$ 是一个第一类修正的一阶 Bessel 函数,第一类修正的 Bessel 函数 $I_n(x)$ 也满足修正的 Bessel 方程(2.6).

相应地,电子的平均速度 $\langle v^2\rangle$ 可以通过

$$\langle \gamma \rangle = \left(1 - \frac{\langle v^2 \rangle}{c^2}\right)^{-\frac{1}{2}}$$

和(2.10)式与温度 T_e 联系起来.

2.1.2　极端相对论性等离子体

当电子温度 $T_e > 500$ keV 时,我们就可以利用极端相对论性近似. 在 $p^2 \gg m_e^2 c^2$ 时,就有

$$\varepsilon \approx pc, \tag{2.11}$$

这意味着忽略了电子的静止能量,并且

$$\gamma^2 = 1 + \frac{p^2}{m_e^2 c^2} \approx \frac{p^2}{m_e^2 c^2}. \tag{2.12}$$

利用方程(2.11),高温等离子体中的 Maxwellian 分布可以写作[151]

$$f(p) = \frac{c^3 e^{-pc/k_B T_e}}{8\pi k_B^3 T_e^3}. \tag{2.13}$$

这时平均洛伦兹因子 $\langle \gamma_{ul} \rangle$ 为:

$$\langle \gamma_{ul} \rangle = \iiint \gamma f(p) d^3 p \approx \iiint \frac{p}{m_e c} f(p) d^3 p. \tag{2.14}$$

对于各向同性的等离子体,有

$$\langle \gamma_{ul} \rangle = \frac{3 k_B T_e}{m_e c^2}. \tag{2.15}$$

上式表示在极端相对论性等离子体中,平均洛伦兹因子 $\langle \gamma_{ul} \rangle$ 正比于电子的温度 T_e. 这几乎与式(2.10)的结果一致(见图 2.2). 我们根据式(2.10)描绘了图 2.1 和图 2.2 中的实线,表示平均洛伦兹因子 $\langle \gamma_{ul} \rangle$ 与电子温度 T_e 的精确关系. 我们不难看出,电子温度的低端曲线是非线性的,随着温度的升高,曲线趋于线性. 图 2.2 的虚线是按照

式(2.15)描绘,它几乎与实线重合.

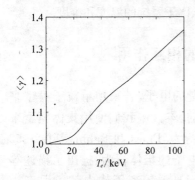

图 2.1　平均 Lorentz 因子与
　　　温度的关系

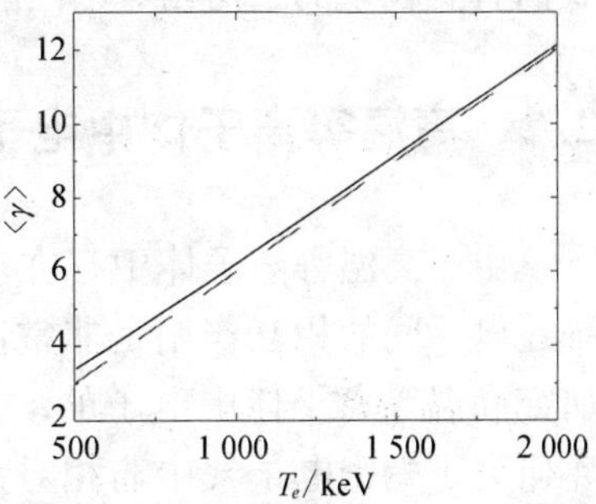

图 2.2　在超高温情况下平均 Lorentz
　　　因子与温度的关系

此外,从(2.15)式,我们又可以看出电子的平均能量是温度的三倍

$$\langle \varepsilon \rangle_3 = 3k_B T. \tag{2.16}$$

对于一维情况,极端相对论性的高温等离子体中的 Maxwellian 分布表达式为

$$f(p) = \frac{c}{2k_B T_e} e^{-pc/k_B T_e}. \tag{2.17}$$

这时的平均洛伦兹因子$\langle \gamma_{ul} \rangle_{\text{one}}$可以写作

$$\langle \gamma_{ul} \rangle_{\text{one}} = \int \gamma f(p) dp. \tag{2.18}$$

把(2.17)式代入到(2.18)式中,并且利用式(12)得

$$\langle \gamma_{ul} \rangle_{\text{one}} = \frac{k_B T_e}{m_e c^2}, \tag{2.19}$$

或

$$\langle \varepsilon \rangle_1 = k_B T_e, \tag{2.20}$$

其中 $\langle \varepsilon \rangle_1$ 是一维情况下的平均电子能量. 根据(2.16)式和(2.20)式, 我们看到粒子的平均相对论性能量正比于系统的温度和维度.

2.2　高温等离子体中电子间的相互作用

由于高温等离子体中存在着大量的电子,若采用单粒子模型来描述电子间的相互作用是非常困难的. 本文中我们使用集体模型来研究高温等离子体中电子的动力学行为. Pines 和 Bohm[154] 在 1952 年研究了稠密电子气中非相对论性电子的集体行为,提出了描述等离子体中电子行为的集体模型. 由于高温等离子体中粒子温度为 $10^6 \sim 10^8$ K,这使得相对论效应越来越重要. 此时,电子的质量 m 并不简单的等于电子的静止质量 m_e,它满足著名的质速关系 $m = m_e/(1-v^2/c^2)^{1/2}$. 因此,我们必须用相对论理论来重新定义高温等离子体中电子的集体行为[132, 133]. 相对论性电子产生的场应该用李纳-维谢尔势来描述,在高斯单位制中表示如下

$$\vec{A}(\vec{x}, t) = \frac{e\,\vec{v}}{c\left(r - \frac{1}{c}\,\vec{v}\cdot\vec{r}\right)}, \quad \varphi(\vec{x}, t) = \frac{e}{r - \frac{1}{c}\,\vec{v}\cdot\vec{r}}.$$

$$(2.21)$$

其中 $\vec{v}$ 和 $\vec{r}$ 都是电子在时刻 $t'(t' = t - r/c)$ 的量.

2.2.1　电子间的库仑相互作用

在库仑相互作用的情况下,我们简单地忽略 $\vec{A}$ 的贡献,仅考虑标势 φ

$$\varphi(\vec{x}, t) = \frac{e}{r - \frac{1}{c}\,\vec{v}\cdot\vec{r}}.$$

$$(2.22)$$

系统中电子之间发生着各种相互作用,我们假定其中库仑势的作用

至关重要. 由于高温等离子体中大量电子随机运动,平均来看(2.22)式右边分母中的第二项比第一项小得多,我们忽略它,这样,单位体积中第 i 个电子和第 j 个电子之间的库仑势可以展开成如下具有周期性边界条件的傅立叶级数

$$U(|\vec{x}_i - \vec{x}_j|) = e^2/|\vec{x}_i - \vec{x}_j| = 4\pi e^2 \sum_k (1/k^2) e^{i\vec{k}\cdot(\vec{x}_i-\vec{x}_j)},$$

$$(2.23)$$

因此,作用在第 i 个电子上的库仑力可以写成

$$\vec{F}_i = -\sum_j \frac{dU(|\vec{x}_i - \vec{x}_j|)}{d\vec{x}_i} = -4\pi e^2 i \sum_{j\neq i,\ k\neq 0} (\vec{k}/k^2) e^{i\vec{k}\cdot(\vec{x}_i-\vec{x}_j)}.$$

$$(2.24)$$

同时,根据牛顿定律,我们可以在相对论力学框架下写出如下作用力的表达式

$$\frac{d}{dt}(mc^2) = \vec{F}\cdot\vec{v},$$

或

$$\vec{F}\cdot\vec{v} = \frac{d}{dt}\left(\frac{m_e c^2}{\sqrt{1-v^2/c^2}}\right) = m_e\gamma^3 \frac{d\vec{v}}{dt}\cdot\vec{v}.$$

上式中, $\vec{v} \neq 0$,在一般情况下, $\vec{F}$ 满足以下的关系式

$$\vec{F} = m_e\gamma^3 \frac{d\vec{v}}{dt},$$

$$(2.25)$$

其中 γ 是洛伦兹因子, $\gamma = \left(1-\frac{v^2}{c^2}\right)^{-\frac{1}{2}}$, $\vec{F}$ 是作用在电子上的力; m_e 、 $\vec{v}$,分别表示电子的静止质量和电子的运动速度. 于是我们得到电子的加速度

$$\dot{\vec{v}} = \vec{F}/m_e\gamma^3.$$

$$(2.26)$$

对于研究高温等离子体中电子的行为,这个关系式是非常重要的. 利用(2.24)和(2.26)式,我们得到高温等离子体中第 i 个的电子运动方程

$$\dot{\vec{v}}_i = -\,(4\pi e^2 i/m_e \gamma_i^3) \sum_{j \neq i,\, k \neq 0} (\vec{k}/k^2) e^{i\vec{k} \cdot (\vec{x}_i - \vec{x}_j)}, \qquad (2.27)$$

其中 $\gamma_i = \left(1 - \dfrac{v_i^2}{c^2}\right)^{-\frac{1}{2}}$. 通过追踪单个粒子的运动来求解方程(2.27)一般是很困难的. 幸运的是,我们可以把在库仑势作用下的多电子系统划分为集体部分和个体部分,进而着重对集体部分进行研究. 许多年前 Pines 和 Bohm[154] 就曾用这种观点处理过类似的方程. 在本文中我们将采用与他们相似的处理方法,但着重将相对论效应考虑进去.

首先,从点电荷入手,可得到单位体积中粒子的密度为

$$\rho(\vec{x}) = \sum \delta(\vec{x} - \vec{x}_i), \qquad (2.28)$$

相应地可得到粒子密度的傅立叶分量为

$$\rho_k = \int d\vec{x}\, \rho(x) e^{-i\vec{k} \cdot \vec{x}} = \sum_i e^{-i\vec{k} \cdot \vec{x}_i}, \qquad (2.29)$$

其中 ρ_0 是平均电子密度 n,$\rho_k (k \neq 0)$ 表征对于这个平均密度的扰动. 这里,我们假定作直线运动的粒子在相互作用力的影响下产生一个小的扰动. 因而(2.27)式可以写作下面形式

$$\dot{\vec{v}}_i = -\,(4\pi e^2 i/m_e \gamma_i^3) \sum_k (\vec{k}/k^2) \rho_k e^{\vec{k} \cdot \vec{x}_i}. \qquad (2.30)$$

通过(2.29)式对时间的两次微商,并结合运动方程(2.27),我们得到

$$\ddot{\rho}_k = -\sum_i (\vec{k} \cdot \vec{v}_i)^2 e^{-i\vec{k} \cdot \vec{x}_i} - \sum_{i,\, j,\, k' \neq 0} (4\pi e^2/m_e \gamma_i^3 k'^2)\, \vec{k} \cdot$$

$$\vec{k}' \{\exp[i(\vec{k}' - \vec{k}) \cdot \vec{x}_i]\} e^{-i\vec{k}' \cdot \vec{x}_j}. \qquad (2.31)$$

我们从两方面考虑对 $\vec{k}'$ 求和:当 $\vec{k}' \neq \vec{k}$ 时,包含了相位因子

$e^{i(\vec{k}'-\vec{k})\cdot\vec{x}_i}$. 由于大量电子分布在任意位置上,所以这些项的平均值等于零. 作为一级近似,我们可以忽略这些项. 这其实就是通常所谓的无规位相近似;当 $\vec{k}' = \vec{k}$ 时,指数因子 $e^{i(\vec{k}'-\vec{k})\cdot\vec{x}_i}$ 等于1. 交换 i 和 j 后,我们得到

$$\ddot{\rho}_k = -\sum_i (\vec{k}\cdot\vec{v}_i)^2 e^{-i\vec{k}\cdot\vec{x}_i} - (4\pi ne^2/m_e\langle\gamma_i\rangle^3)\sum_i e^{-i\vec{k}\cdot\vec{x}_i},$$

(2.32)

其中$\langle\gamma\rangle$为单位体积中所有电子的 γ_i 的平均值,即

$$\langle\gamma_i\rangle = \left(1 - \frac{\langle v_i^2\rangle}{c^2}\right)^{-1/2}.$$

由(2.10)或(2.15)式可以知道,平均洛伦兹因子$\langle\gamma\rangle$与电子的温度 T_e 有关. (2.32)式等号右边第一项仅仅是由单个电子的自由热运动引起的;第二项则表示电子间的库仑相互作用.

2.2.2 电子间的洛伦兹力

当电子运动的速度足够大时,我们就不得不考虑电子间存在着磁场力的作用. 其它所有的电子作用在第 i 个电子上的洛伦兹力

$$\vec{F}_i = e\left(\vec{E} + \frac{1}{c}\vec{v}\times\vec{B}\right) = \vec{F}_{iE} + \vec{F}_{iM},$$

(2.33)

其中

$$\vec{F}_{iE} = e\vec{E} = -e\sum_j\left[\frac{d}{d\vec{x}_i}\varphi(\vec{x}_i, t) + \frac{1}{c}\frac{\partial}{\partial t}\vec{A}(\vec{x}_i, t)\right]$$

(2.34)

为电场力;

$$\vec{F}_{iM} = \frac{e}{c}\vec{v}_i\times\vec{B} = \frac{e}{c}\vec{v}_i\times\sum_j[\nabla\times\vec{A}(\vec{x}_i, t)]$$

(2.35)

为磁场力. 用 2.2.1 节的方法, 在单位体积中把 φ 和 $\vec{A}$ 展开成具有周期性边界条件的傅立叶级数

$$\varphi(\vec{x}_i,\,t)=4\pi e\sum_k\frac{1}{k^2}e^{i\vec{k}\cdot(\vec{x}_i-\vec{x}_j)},\tag{2.36}$$

$$\vec{A}_i(\vec{x}_i,\,t)\approx\frac{e\,\vec{v}_j}{c\,|\,\vec{x}_i-\vec{x}_j\,|}=\frac{4\pi e}{c}\,\vec{v}_j\sum_k\frac{1}{k^2}e^{i\vec{k}\cdot(\vec{x}_i-\vec{x}_j)}.\tag{2.37}$$

把 (2.36) 和 (2.37) 式代入 (2.34) 和 (2.35) 式分别得

$$\vec{F}_{iE}=-4\pi e^2\sum_{j,\,k}\left[\frac{\vec{k}}{k^2}+\frac{\vec{v}_j^2}{c^2k^2}(\vec{k}\cdot\vec{v}_i)\right]e^{i\vec{k}\cdot(\vec{x}_i-\vec{x}_j)},\tag{2.38}$$

$$\begin{aligned}\vec{F}_{iM}&=\frac{e}{c}\,\vec{v}_i\times\sum_j\nabla\times\frac{4\pi e}{c}\,\vec{v}_j\sum_k\frac{1}{k^2}e^{i\vec{k}\cdot(\vec{x}_i-\vec{x}_j)}\\&=\frac{-4\pi e^2}{c^2}\,\vec{v}_i\times\sum_j\vec{v}_j\times\nabla\sum_k\frac{1}{k^2}e^{i\vec{k}\cdot(\vec{x}_i-\vec{x}_j)}\\&=\frac{-i4\pi e^2}{c^2}\,\vec{v}_i\times\sum_j\vec{v}_j\times\sum_k\frac{\vec{k}}{k^2}e^{i\vec{k}\cdot(\vec{x}_i-\vec{x}_j)}\\&=\frac{-i4\pi e^2}{c^2}\sum_{j,\,k}\frac{1}{k^2}\left[(\vec{k}\cdot\vec{v}_i)\,\vec{v}_j-(\vec{v}_i\cdot\vec{v}_j)\,\vec{k}\right]e^{i\vec{k}\cdot(\vec{x}_i-\vec{x}_j)},\end{aligned}\tag{2.39}$$

那么第 i 个电子受力为

$$\begin{aligned}\vec{F}_i&=\vec{F}_{iE}+\vec{F}_{iM}\\&=-i4\pi e^2\sum_{j,\,k}\frac{1}{k^2}\left[\vec{k}+\frac{2\,\vec{v}_j}{c^2}(\vec{k}\cdot\vec{v}_i)-\frac{(\vec{v}_i\cdot\vec{v}_j)}{c^2}\,\vec{k}\right]e^{i\vec{k}\cdot(\vec{x}_i-\vec{x}_j)}.\end{aligned}\tag{2.40}$$

电子的加速度

$$\dot{\vec{v}}=\vec{F}/m_e\gamma^3,\tag{2.26}$$

和电子密度的傅立叶分量为

$$\rho_k = \int d\vec{x} \rho(x) e^{-i\vec{k} \cdot \vec{x}} = \sum_i e^{-i\vec{k} \cdot \vec{x}_i}. \tag{2.29}$$

把(2.40)和(2.29)式代入(2.26)式,得

$$\dot{\vec{v}}_i = -i \frac{4\pi e^2}{m_e \gamma_i^3} \sum_k \frac{1}{k^2} \left[\vec{k} + \frac{2\vec{v}_j}{c^2} (\vec{k} \cdot \vec{v}_i) - \frac{\vec{k}}{c^2} (\vec{v}_i \cdot \vec{v}_j) \right] \rho_k e^{i\vec{k} \cdot \vec{x}_i}. \tag{2.41}$$

对(2.29)式求导数,有

$$\dot{\rho}_k = -i \sum_i (\vec{k} \cdot \vec{v}_i) e^{i\vec{k} \cdot \vec{x}_i},$$

$$\ddot{\rho}_k = -\sum_k [(\vec{k} \cdot \vec{v}_i)^2 + i(\vec{k} \cdot \dot{\vec{v}}_i)] e^{i\vec{k} \cdot \vec{x}_i}. \tag{2.42}$$

把(2.41)和(2.29)式代入(2.42)式,得

$$\ddot{\rho}_k = -\sum_i (\vec{k} \cdot \vec{v}_i)^2 e^{-i\vec{k} \cdot \vec{x}_i} - \frac{4\pi e^2}{m_e \langle \gamma_i \rangle^3} \times$$

$$\sum_{ijk'} \frac{\vec{k}}{k'^2} \left[\vec{k}' + \frac{2\vec{v}_j}{c^2} (\vec{k}' \cdot \vec{v}_i) - \frac{\vec{k}'}{c^2} (\vec{v}_i \cdot \vec{v}_j) \right] e^{i(\vec{k}'-\vec{k}) \cdot \vec{x}_i} e^{-i\vec{k}' \cdot \vec{x}_j} \tag{2.43}$$

对于 $\vec{k}'$ 的求和,区分两种情况:当 $\vec{k}' \neq \vec{k}$ 时,考虑无规位相近似,所有包含了相位因子 $e^{i(\vec{k}'-\vec{k}) \cdot \vec{x}_i}$ 的这些项的平均值等于零. 当 $\vec{k}' = \vec{k}$ 时,指数因子 $e^{i(\vec{k}'-\vec{k}) \cdot \vec{x}_i}$ 等于 1. 交换 i 和 j 后,我们得到

$$\ddot{\rho}_k = -\sum_i (\vec{k} \cdot \vec{v}_i)^2 e^{-i\vec{k} \cdot \vec{x}_i} - \frac{4\pi e^2 \vec{k}}{m_e \langle \gamma \rangle^3} \cdot$$

$$\sum_{ij} \frac{1}{k^2} \left[\vec{k} + \frac{2\vec{v}_i}{c^2} (\vec{k} \cdot \vec{v}_j) - \frac{\vec{k}}{c^2} (\vec{v}_i \cdot \vec{v}_j) \right] e^{-i\vec{k} \cdot \vec{x}_i}$$

$$= -\sum_i (\vec{k} \cdot \vec{v}_i)^2 e^{-i\vec{k}\cdot\vec{x}_i} - \frac{4\pi e^2}{m_e \langle \gamma \rangle^3} \sum_{ij} \Big[1 +$$

$$\frac{2(\vec{k}\cdot\vec{v}_i)}{k^2 c^2}(\vec{k}\cdot\vec{v}_j) - \frac{1}{c^2}(\vec{v}_i\cdot\vec{v}_j)\Big] e^{-i\vec{k}\cdot\vec{x}_i} \tag{2.44}$$

为了计算简单,上式中右边的第二项中的 $\vec{v}_i$ 和 $\vec{v}_j$ 用平均值 $\langle\cdots\rangle$ 代替,注意到对 j 求和出现了 n.

$$\ddot{\rho}_k = -\sum_i (\vec{k}\cdot\vec{v}_i)^2 e^{-i\vec{k}\cdot\vec{x}_i} - \frac{4\pi n e^2}{m_e \langle\gamma\rangle^3}\Big[1 +$$

$$\frac{2}{k^2 c^2}\langle\vec{k}\cdot\vec{v}_i\rangle\langle\vec{k}\cdot\vec{v}_j\rangle - \frac{\langle\vec{v}_i\cdot\vec{v}_j\rangle}{c^2}\Big]\sum_i e^{-i\vec{k}\cdot\vec{x}_i} \tag{2.45}$$

把(2.45)式与(2.32)式比较,发现上式中右边多了两项,这两项则表示电子间除了存在库仑相互作用以外,还存在着由矢势 $\vec{A}$ 引起的磁场力和感生电场力的作用. 从(2.45)式可以看到,只有当电子的运动速度与光速同一个数量级时,磁场力和感生电场力才明显起作用. 一般地,电子的运动速度不是非常大时,我们仅考虑它们间的库仑相互作用. 本文下面研究电子在库仑力作用下的行为.

2.3 在库仑力作用下电子行为的集体描述

为了研究高温等离子体中相对论性电子间的集体行为,我们根据 k 的不同情况作如下讨论

2.3.1 当 k 足够小

显然,当 k 足够小时,对于

$$\ddot{\rho}_k = -\sum_i (\vec{k}\cdot\vec{v}_i)^2 e^{-i\vec{k}\cdot\vec{x}_i} - (4\pi n e^2/m_e \langle\gamma_i\rangle^3)\sum_i e^{-i\vec{k}\cdot\vec{x}_i},$$

$$\tag{2.32}$$

上式等号右边第一项与第二项相比可以忽略不计. 由此得到

$$\ddot{\rho}_k + (4\pi n e^2/m_e\langle\gamma_i\rangle^3)\rho_k = 0, \tag{2.46}$$

由于库仑力作用的结果, 相对论性电子的密度随着高温等离子体频率 ω_p 振动

$$\omega_p = (4\pi n e^2/m_e\langle\gamma_i\rangle^3)^{1/2}. \tag{2.47}$$

从以上 (2.47) 式高温等离子体振动频率 ω_p 的定义可以看出, 它包含了平均相对论修正因子 $\langle\gamma\rangle$. 结合 (2.10) 式可以知道, 随着高温等离子体温度的上升, 电子运动速度加快, 高温等离子体的振动频率减小. 显然, 这与非相对论的情况 ($\omega_p = (4\pi n e^2/m_e)^{1/2}$) 是不同的.

我们根据 (2.10) 和 (2.47) 式描绘图 2.3, 表示高温等离子体频率与电子温度的关系. 从中可以看到, 离子体频率随电子温度单调下降. 当 $T_e < 20$ keV 时, 曲线下降缓慢, 具有一定的相对论效应. 当 $T_e > 20$ keV 时, 曲线急剧下降, 相对论效应非常明显.

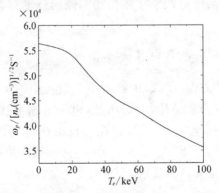

图 2.3 相对论性等离子体频率与温度的关系

事实上, 库仑相互作用与自由热运动是同时存在的. 但在这里, 我们主要研究库仑力的作用. 所以, (2.32) 式中当大多数粒子由库仑力引起的集体项比由自由热运动引起的个体项大得多时, 我们用下式作为系统可用集体坐标进行描述的一种粗略的标准, 即

$$4\pi ne^2/m_e\langle\gamma_i\rangle_{\mathrm{AV}}^3 \gg \langle(\vec{k}\cdot\vec{v}_i)^2\rangle. \tag{2.48}$$

我们注意到相互作用越强或电子密度越高，整个系统越倾向于集体行为；而电子的热运动速度越高，则整个系统越倾向于自由热运动. 对于速度各向同性分布，方程(2.48)变为

$$k^2 \ll (12\pi ne^2/m_e\langle\gamma_i\rangle^3 \cdot \langle\vec{v}_i^2\rangle) = \lambda_D^{-2}, \tag{2.49a}$$

其中 λ_D 定义为含相对论修正的"德拜长度"

$$\lambda_D^2 = \frac{1}{3}m_e\langle\gamma_i\rangle^3\cdot\langle\vec{v}_i^2\rangle/4\pi ne^2 = \frac{1}{3}\langle\vec{v}_i^2\rangle/\omega_p^2. \tag{2.49b}$$

显然，随着电子运动速度的加快，即洛伦兹因子增大，高温等离子体振动频率减小，而德拜长度则增加. 当距离大于德拜长度 λ_D 时，电子的集体行为起主要作用；而在小于德拜长度 λ_D 的范围内，电子的个体行为起主要作用. 因此，在高温等离子体中，随着温度的上升，德拜长度的增加，使得系统对产生集体振动的倾向逐渐过渡到对自由热运动的倾向.

2.3.2 当 k 处于中等大小值时

我们注意到方程(2.32)中若对于一般大小的 k 值，ρ_k 同时反映出系统的集体行为和个体行为. 因此，电子的密度扰动 ρ_k 不发生谐振，也不满足集体坐标. 为了找到在有自由热运动效应影响的情况下，对于非零 k 值仍能发生谐振的集体坐标函数，并且用这个函数表示 ρ_k. 现在我们定义该函数 q_k

$$q_k = \sum_i \frac{1}{\omega^2-(\vec{k}\cdot\vec{v})^2}e^{-i\vec{k}\cdot\vec{x}_i}. \tag{2.50}$$

为了方便起见，我们引入 $\xi_{k,\omega}$

$$\xi_{k,\omega} = \sum_i \frac{1}{\omega-\vec{k}\cdot\vec{v}_i}e^{-i\vec{k}\cdot\vec{x}_i}. \tag{2.51}$$

则 q_k 可重新表示为

$$q_k = \frac{1}{2\omega}(\xi_{k,\omega} - \xi_{k,-\omega}). \qquad (2.52)$$

如果能证明

$$\dot{\xi}_{k,\,\omega} + i\omega\xi_{k,\,\omega} = 0, \qquad (2.53)$$

那么 q_k 满足谐振方程

$$\ddot{q}_k + \omega^2 q_k = 0. \qquad (2.54)$$

我们首先从(2.53)式着手. 通过对(2.51)式求导, 得

$$\dot{\xi}_{k,\omega} = -i\sum_i \left[\frac{\vec{k}\cdot\vec{v}_i}{\omega - \vec{k}_i\cdot\vec{v}_i} + \frac{\vec{k}\cdot\dot{\vec{v}}_i}{(\omega - \vec{k}\cdot\vec{v}_i)^2} \right] e^{-i\vec{k}\cdot\vec{x}_i}. \qquad (2.55)$$

并结合运动方程(2.27), 得

$$\dot{\xi}_{k,\,\omega} + i\omega\xi_{k,\,\omega} = i\sum_i e^{-i\vec{k}\cdot\vec{x}_i}$$

$$- i\sum_{ijk'} \frac{(\vec{k}\cdot\vec{k}')4\pi e^2}{m_e \gamma_i^3 k^2 (\omega - \vec{k}\cdot\vec{v}_i)^2} e^{i(\vec{k}'-\vec{k})\cdot\vec{x}_i} e^{-i\vec{k}'\cdot\vec{x}_j}$$

$$(2.56)$$

如同(2.31)式一样, 在无规位相近似的条件下, 忽略右边 $\vec{k}' \neq \vec{k}$ 的那些求和项, 仅保留 $\vec{k}' = \vec{k}$ 这一项, 交换 i 和 j 后, 得到

$$\dot{\xi}_{k,\,\omega} + i\omega\xi_{k,\,\omega} = i\sum_i \left[1 - \frac{4\pi e^2}{m_e}\sum_j \frac{1}{\gamma_j^3 (\omega - \vec{k}\cdot\vec{v}_j)^2} \right] e^{-i\vec{k}\cdot\vec{x}_i}. \qquad (2.57)$$

很显然, 为了满足方程(2.53), 对于任意 $\vec{x}_i$, 上式等号右边应该等于零. 所以我们获得下面具有相对论性修正的色散关系

$$\frac{4\pi e^2}{m_e} \sum_j \frac{1}{\gamma_j^3 (\omega - \vec{k} \cdot \vec{v}_j)^2} = 1. \tag{2.58}$$

可以通过数值解求出上式的 ω, 但这样做很麻烦. 为简单起见, 我们可以近似地得到如下色散关系

$$\omega^2 = \omega_p^2 + k^2 \langle v_j^2 \rangle, \tag{2.59}$$

上式似乎像非相对论性的色散关系[154,156], 但本质上是不同的. 因为上式中高温等离子体频率 ω_p 包含了平均洛伦兹因子 $\langle \gamma_j \rangle$. 即

$$\omega_p^2 = \frac{4\pi n e^2}{m_e \langle \gamma_j \rangle^3} = \frac{4\pi n e^2}{m_e \langle \gamma_i \rangle^3}. \tag{2.60}$$

从 (2.59) 式可以看出, 如果 k 足够小, 那么 (2.59) 式就可以简化为先前得到的色散关系式 (2.47). 并且对于 $[(\vec{k} \cdot \vec{v}_j)/\omega] \ll 1$, q_k 趋于 ρ_k, 仅差一比列常数 $1/\omega^2$. 其他的研究已经表明如果 k 大于 λ_D^{-1} 的临界值, 则 (2.58) 式的解便不存在[156]. 这一结论进一步证实了集体行为的物理描述仅仅可用于大于 λ_D^{-1} 的范围. 我们注意到对于足够小的 k, ρ_k 几乎完全可以用集体坐标 q_k 来描述. 但对于 k 的一般值, 两种类型的波动同时存在. 因此, 我们把 ρ_k 分成两部分考虑

$$\rho_k = a_k q_k + \eta_k, \tag{2.61}$$

其中 $a_k q_k$ 表示 ρ_k 的集体部分, a_k 是一个常数; η_k 则是 ρ_k 的个体描述. 注意, a_k 的选择必须使得 η_k 仅与个体电子的自由热运动相关.

将 (2.29) 和 (2.50) 两式代入 (2.61) 式, η_k 可以表示为

$$\eta_k = \sum_i \{1 - a_k / [\omega^2 - (\vec{k} \cdot \vec{v}_i)^2]\} e^{-i\vec{k} \cdot \vec{x}_i}. \tag{2.62}$$

如果 a_k 是任意系数, 那么 $\ddot{\eta}_k$ 如同 (2.32) 式中的 $\ddot{\rho}_k$ 一样具有两项: 第一项描述电子间没有相互作用的情况

$$\ddot{\eta}_k^{(1)} = \sum_i -(\vec{k} \cdot \vec{v}_i)^2 \{1 - a_k / [\omega^2 - (\vec{k} \cdot \vec{v}_i)^2]\} e^{-i\vec{k} \cdot \vec{x}_i};$$

$$\tag{2.63}$$

第二项则描述整个系统中电子的集体行为.

根据方程(2.32)、(2.47)、(2.50)和(2.54),我们得到

$$\ddot{\eta}_k = \ddot{\rho}_k - a_k \ddot{q}_k$$

$$= \sum_i \{-(\vec{k} \cdot \vec{v}_i)^2 - \omega_p^2 + a_k \omega^2 / [\omega^2 - (\vec{k} \cdot \vec{v}_i)^2]\} e^{-i\vec{k} \cdot \vec{x}_i}.$$

$$(2.64)$$

根据(2.63)式,把上式改写成

$$\ddot{\eta}_k = \ddot{\eta}_k^{(1)} + \sum_i (a_k - \omega_p^2) e^{-i\vec{k} \cdot \vec{x}_i}. \qquad (2.65)$$

为了保证 η_k 没有集体项,选择 $a_k = \omega_p^2$. 于是得到

$$\eta_k = \sum_i \frac{\omega^2 - \omega_p^2 - (\vec{k} \cdot \vec{v}_i)^2}{\omega^2 - (\vec{k} \cdot \vec{v}_i)^2} e^{-i\vec{k} \cdot \vec{x}_i}. \qquad (2.66)$$

如果将系数 ω_p^2 包含进 q_k 的基本定义式,则

$$q_k = \sum_i \{\omega_p^2 / [\omega^2 - (\vec{k} \cdot \vec{v}_i)^2]\} e^{-i\vec{k} \cdot \vec{x}_i}. \qquad (2.67)$$

因此,最后得到

$$\rho_k = q_k + \eta_k. \qquad (2.68)$$

以上这些定义式实现了将密度函数分成两个相互独立的部分. 第一部分 q_k 以频率 ω 谐振;第二部分 η_k 不显示集体行为.

2.4 快电子束在高温等离子体中的能量损失

这里,我们仅在大于德拜长度 λ_D 的尺度内进行研究,即:只考虑高温等离子体中由于集体振动的激发而导致的快电子束的能量损失[157]. 在研究能量损失之前,我们假定快电子束处于一种"稀释"的状态,即快电子束中电子的平均间距比高温等离子体中电

子的平均间距大得多. 在一般情况下, 我们取电子束的密度 n_b 与等离子体的密度 n_p 之间的关系为[158]: $n_b/n_p \leqslant 10^{-4}$. 在这种条件下, 电子束与等离子体的相互作用可以被视为电子束每个电子单独地与高温等离子体发生相互作用, 然后问题就简化为孤立电子作用的线性叠加[159].

首先用傅立叶分析法对以速度 $\vec{v}_0$ 运动的特征电子的电荷密度进行研究

$$-e\rho_s = -e\delta(\vec{x} - \vec{v}_0 t) = -e\sum_k e^{i\vec{k}\cdot(\vec{x}-\vec{v}_0 t)}. \qquad (2.69)$$

现在, 我们研究当一个快电子以速度 $\vec{v}_0$ 穿过高温等离子体时, 整个系统的集体响应. 也就是说 q_k 对于 ρ_s 形成的场的响应. 根据前面 q_k 与 $\xi_{k,\omega}$ 的关系式

$$q_k = \frac{\omega_p^2}{2\omega}(\xi_{k,\omega} - \xi_{k,-\omega}), \qquad (2.52)$$

那么我们需要找到 $\xi_{k,\omega}$ 对 ρ_s 的响应.

作用在第 i 个电子上的力来自两方面: 其一是系统中其它电子的作用; 其二是此特征电子的作用. 当没有特征电子时, 根据 (2.53) 式, 我们有

$$\dot{\xi}_{k,\omega} = -i\omega\xi_{k,\omega}.$$

但根据 (2.27) 和 (2.69) 式, 由于外部电子的作用, 改变了 $\dot{\vec{v}}_i$

$$\dot{\vec{v}}_i^{(s)} = -\frac{4\pi e^2}{m_e \gamma_i} i \sum_{k'} \frac{\vec{k}'}{k'^2} e^{i\vec{k}'\cdot(\vec{x}_i - \vec{v}_0 t)}. \qquad (2.70)$$

根据前面 (2.51) 式, 我们可以得到

$$\dot{\xi}_{k,\omega} = \sum_i \left[\frac{-i\vec{k}\cdot\vec{v}_i}{\omega - \vec{k}\cdot\vec{v}_i} + \frac{\vec{k}\cdot\vec{v}_i}{(\omega - \vec{k}\cdot\vec{v}_i)^2}\right] e^{-i\vec{k}\cdot\vec{x}_i}. \qquad (2.71)$$

将(2.70)式代入其中,并在无规位相近似的条件下,得

$$\dot{\xi}_{k,\,\omega} = - i\omega\xi_{k,\,\omega} - i\frac{4\pi e^2}{m_e}\sum_i\left[\frac{1}{\gamma_i(\omega - \vec{k}\cdot\vec{v}_i)^2}\right]e^{-i\vec{v}_0\cdot t}. \quad (2.72)$$

应用色散关系(2.58)式,可以得到

$$\dot{\xi}_{k,\,\omega} = - i\omega\xi_{k,\,\omega} - ie^{-i\vec{k}\cdot\vec{v}_0 t}. \quad (2.73)$$

从(2.52)式,我们可以得

$$\dot{q}_k = - i\frac{\omega_p^2}{2}(\xi_{k,\,\omega} + \xi_{k,\,-\omega}). \quad (2.74)$$

再一次求导,我们就能得到如下关系式

$$\ddot{q}_k = - \frac{\omega\omega_p^2}{2}(\xi_{k,\,\omega} - \xi_{k,\,-\omega}) - \omega_p^2 e^{-i\vec{k}\cdot\vec{v}_0\cdot t}, \quad (2.75)$$

因此

$$\ddot{q}_k + \omega^2 q_k = - \omega_p^2 e^{-i\vec{k}\cdot\vec{v}_0 t}. \quad (2.76)$$

上式描述了一个强迫振动的关系,稳态时,它的特征解为

$$q_k = - \frac{\omega_p^2}{\omega^2 - (\vec{k}\cdot\vec{v}_0)^2}e^{-i\vec{k}\cdot\vec{v}_0 t}. \quad (2.77)$$

为了得到与特征电子相关的总电荷密度的傅立叶分量,必须加入电荷本身的密度. 我们得到

$$\rho_{ks} = \left[1 - \frac{\omega_p^2}{\omega^2 - (\vec{k}\cdot v_0)^2}\right]e^{-i\vec{k}\cdot\vec{v}_0 t}. \quad (2.78)$$

作为位置函数的电荷密度是

$$\rho_s(\vec{x}) = \sum_k \frac{\omega^2 - \omega_p^2 - (\vec{k}\cdot\vec{v}_0)^2}{\omega^2 - (\vec{k}\cdot\vec{v}_0)^2}e^{i(\vec{k}\cdot\vec{x} - \vec{v}_0 t)}. \quad (2.79)$$

如果运动速度为 $\vec{v}_0$ 的电子使得(2.77)式中的分母等于零(对某些 $k < k_D$ 的情况),则有

$$(\vec{k} \cdot \vec{v}_0) = \omega^2 \approx \omega_p^2 + k^2 \langle v^2 \rangle. \tag{2.80}$$

那么对于满足(2.80)的 k 值,要得到 q_k 的稳态解是不可能的. 正确解对应于适当 q_k 的共振激发,这点可以从(2.76)式中看出. 我们应该找到满足(2.80)式的 k 和 $\vec{v}_0$ 值. 设 k_z 与 $\vec{v}_0$ 同向,得到

$$k_z^2 (v_0^2 - \langle v^2 \rangle) = \omega_p^2 + (k_x^2 + \!_y^2) \langle v^2 \rangle. \tag{2.81}$$

很明显,快电子以小于平均热速度运动时,上式没有实数解,不会激发集体振动. 通过设定, $k_x = k_y = 0$, k_z 等于它的最大值 k_D,得到 $\vec{v}_0$ 引起集体激发的条件为

$$v_0^2 \geqslant \frac{4 \langle v^2 \rangle}{3}. \tag{2.82}$$

我们主要关心电荷密度的集体部分. 为了解边界条件问题,考虑 $q(\vec{x})$ 是由(2.76)时给出的 q_k 而得到的

$$q(\vec{x}) = \sum_{k \leqslant k_D} q_k e^{i\vec{k} \cdot \vec{x}} = \sum_{k \leqslant k_D} \frac{-\omega_p^2}{\omega^2 - (\vec{k} \cdot \vec{v}_0)^2} e^{i\vec{k} \cdot (\vec{x} - \vec{v}_0 t)}. \tag{2.83}$$

如果选择 k_z 与 $\vec{v}_0$ 同向,得到

$$q(\vec{x}) = \sum_{k \leqslant k_D} \frac{-\omega_p \exp\{i[k_x x + k_y y + k_z(z - v_0 t)]\}}{\omega_p^2 + (k_x^2 + k_y^2) \langle v^2 \rangle + k_z^2 (\langle v^2 \rangle - v_0^2)}. \tag{2.84}$$

如果 $k_z = k_z^s$,如下式所示,则上式中的分母为零,

$$k_z^s = \pm \left[\frac{\omega_p^2 + (k_x^2 + k_y^2) \langle v^2 \rangle}{v_0^2 - \langle v^2 \rangle} \right]^{1/2}. \tag{2.85}$$

为了计算(2.84)式而得到 $q(\vec{x})$,需要一些技巧来简化此表达式. 首先,当 $\vec{v}_0$ 远大于 $\langle v_2 \rangle_{AV}^{1/2}$ 时,对 k_z 求和,把求和改变为一个积分,可以很方便的将积分限从 $\pm (k_D^2 - k_x^2 - k_y^2)^{1/2}$ 扩展到 $\pm \infty$. 此时,

几乎所有的 k_z^s 值存在于 $\pm (k_D^2 - k_x^2 - k_y^2)^{1/2}$ 中,并且对于此积分限以外的 k_z 值(2.84)式中的分母将会很大;其次,为了保证在粒子的前面不发生扰动,对于正的 $(z - v_0 t)$,$q(\vec{x})$ 等于零,并且 $q(\vec{x})$ 对应于在粒子之后移动的波.通过对 k_z 复平面积分并选择适当的路径,应用上述边界条件,在上半平面对 k_z 的积分为零.在下半平面 $(z < v_0 t)$ 对 k_z 的积分范围包含两个奇点 $\pm k_z^s$,应用留数定理处理后,我们得到

$$q(\vec{x}) = -\frac{\omega_p^2}{4\pi^2 (v_0^2 - \langle v^2 \rangle)^{1/2}} \iint \frac{e^{i(k_x x + k_y y)} \sin k_z^s (z - v_0 t)}{[\omega_p^2 + (k_x^2 + k_y^2)\langle v^2 \rangle]^{1/2}} \mathrm{d}k_x \mathrm{d}k_y.$$

(2.86)

我们真正感兴趣的是入射电子对尾流释放的能量,它由尾流的电场 $\vec{E}$ 对位于 $\vec{x} = \vec{v}_0 t (x = 0,\ y = 0,\ z = v_0 t)$ 的入射电子的反应来决定.只需考虑 E_z 分量:当 $z > v_0 t$ 时,E_z 等于零;当 $z < v_0 t$ 时,E_z 有限.根据傅立叶系数的特性,在 $z = v_0 t$ 这点的正确值是从两边接近于这点求和,因此用 $\frac{1}{2} E_z(v_0 t)$ 作为从左边逼近.因此,得到

$$E_z(v_0 t) = -\frac{e\omega_p^2}{2\pi} \iint \frac{\mathrm{d}k_x \mathrm{d}k_y}{\omega_p^2 + (k_x^2 + k_y^2) v_0^2}.$$

(2.87)

用极坐标来处理上述积分并结合如下表达式

$$(k_x^2 + k_y^2)_{\max} \approx \frac{2}{3} k_D^2 = \frac{2\omega_p^2}{\langle v^2 \rangle}.$$

(2.88)

我们得到由尾流产生的作用于电子上的力为

$$F_z = -eE_z = \frac{e^2 \omega_p^2}{2v_0^2} \ln\left(1 + \frac{2v_0^2}{\langle v^2 \rangle}\right).$$

(2.89)

所以,单位路程的能量损失率 $\dfrac{\mathrm{d}\epsilon}{\mathrm{d}z}$ 为

$$\frac{d\varepsilon}{dz} = F_z = \frac{e^2 \omega_p^2}{2v_0^2} \ln\left(1 + \frac{2v_0^2}{\langle v^2 \rangle}\right),\tag{2.90}$$

式中高温等离子体的振动频率 ω_p 是由(2.47)式所定义的.

至此,我们研究了高温等离子体中平均洛伦兹因子 $\langle \gamma \rangle$ 与温度 T_e 的关系.通过引入李纳-维谢尔相对论性电磁势和密度函数,用集体描述的方法研究了高温等离子体中相对论电子间的相互作用,得到了相对论修正的高温等离子体的振动频率和德拜长度.此基础上,进一步得到快电子束在高温等离子体中传输时由于集体振动的激发而引起的单位路程的能量损失率.这对于研究强激光等离子体相互作用有着重要意义,对激光核聚变点火的研究有着实际意义.

第三章　飞秒激光脉冲加热气团簇引发核聚变

随着高强度、短脉冲激光技术的迅猛发展，人们开辟了许多物理研究的新领域，其中激光与团簇相互作用的研究非常活跃[121,123,160~165]，许多实验表明，在强激光照射下，团簇迅速离化，伴随着发生爆炸，并观察到释放出高能量的电子[118]和 MeV 的离子[121]，达到了核物理能量范围. 这为核聚变提供了产生高能氘核的途径. 至今，存在几种模型描述团簇与激光的相互作用过程，并解释实验中观察到的许多奇特的现象. Mcpherson 等人[113]利用外壳层电子电离的集体相关运动模型解释团簇内产生内壳层空穴以及高电离态离子的机制，并进而解释团簇内反常的 X 射线辐射. 这种模型本身并不完善，理论也不很清楚，无法给出定量的描述. Rose Petruck 等人[166]提出"电离点火"模型，指出由于团簇内部离子产生的电场与激光场的共同作用引起团簇内部离子的迅速电离，从而产生高电离态的离子. 但是这种模型采用 Monte Carlo 方法模拟团簇在激光场中的运动，不能描述团簇内部原子的集体行为，而且只能模拟较小的团簇. 第三种描述激光与团簇相互作用的模型是 Ditmire 等提出的"流体动力学"模型. 虽然"流体动力学"模型尚不能描述高能离子能谱的特征，但是最近的实验[119,169]表明"流体动力学"模型能较好地解释团簇的膨胀过程，团簇的共振吸收效应、高电离态离子以及高能离子的产生等实验现象. 由于"流体动力学"模型把团簇近似看成是等离子体小球，因而要求团簇足够大(直径 20 nm 以上)，团簇在膨胀过程中，绝大多数电子仍然留在团簇内部，使之能近似为一等离子体球. 因此对于激光与较大团簇的相互作用，"流体动力学"模型是一个较好的近似模型. 尽管如此，关于团簇在共振吸收处的行为，Ditmire 没有给出详细的解

释. 在共振吸收处, 团簇内部的屏蔽电场获得很大的增强. 如果屏蔽
场强足够高, 将能直接通过光场电离产生高电离态的离子. 在 Ditmire
的"流体动力学"模型中, 电子在共振吸收处的温度达到 100 keV [112]
以上, 这在物理上是很难理解的, 而且在实验中也没有观察到如此高
温的电子. 刘建胜等人在此基础上提出有效介电常数模型[162], 对团
簇在共振吸收处的行为进行了适当的修正. 此外, "库仑爆炸"模型也
用来描述离子团簇膨胀的过程. 由于团簇内最热的电子会有一个足
够大的平均自由程以至于它们能够自由地直接流出团簇, 而且, 如果
电子的能量大得足以克服团簇上的电荷集结时, 它们将完全离开团
簇. 当离子电荷集结足够多时, 团簇将以类似于分子光电离的方式经
历一个库仑爆炸. 对于小团簇在强激光场中爆炸可用库仑爆炸模型
较好地来描述. 但对较大的团簇, 仅用库仑爆炸模型来描述是很不准
确的, 还必须考虑电子和离子的运动和场强. 我们针对于中等尺寸的
氚离子团簇, 提出团簇双重膨胀的机制, 即团簇依次发生流体动力学
膨胀和库仑爆炸, 解释产生高能氚核的原因, 与实验结果较为吻合;
并计算了氚团簇库仑爆炸时氚核的速度以及氚离子团簇解体时间,
为选取合理的激光脉冲宽度参数提供参考. 此外, 对于自由电子从团
簇逃逸出来的行为, 我们提出一种可能机制, 即: 对于充分电离的团
簇, 其里面在膨胀前是过密等离子体, 穿透进团簇的激光场中磁场部
分是不可忽略的, 这不同于稀薄等离子体的情况, 团簇中的自由电子
在洛仑兹力的作用下, 以较大的速度迁移, 逃逸出团簇.

3.1 强激光场与团簇的相互作用

一般而言, 单原子组成的气体靶, 其原子密度不高, 对激光的能
量吸收较弱(通常小于 5%), 激光与单原子气体靶相互作用后形成的
等离子体温度低(小于 100 eV). 固体靶对激光的吸收效率虽然较高
(可达 80% 以上), 但吸收的相当一部分能量通过热传导传给冷的靶
体, 同时还通过流体力学膨胀等过程消耗掉一部分热量, 因此, 生成

等离子体的温度通常小于 1 keV[163]. 团簇作为介于气体、液体和固体之间的一种特殊的物质态, 强激光与其相互作用时产生的等离子体可以区别于与气体和固体相互作用时的情况. 惰性气体原子团簇的产生主要通过脉冲阀门来实现. 惰性气体原子通过脉冲阀门的细小喷嘴喷入真空中, 气体经过绝热膨胀过程, 其随机热能转化为径向的定向动能, 导致气体的内部温度下降, 当阀门内气体的压力达一定值时, 喷出的气体会变得过饱和, 形成一定尺寸的、由范德瓦耳斯力维系的原子团簇[168]. 原子团簇在超短脉冲激光作用下表现出自己独特的性质, 它与单原子气体相比, 有高的激光吸收效率, 产生的等离子体具有高得多的温度; 与固体靶比较, 由团簇形成的纳米尺度等离子体的外部为真空, 不会通过热传导损失能量, 这样, 团簇对激光的高效吸收及向周围环境的较小热损失, 使产生的等离子体较固体靶时包含更多高电离阶及能量的离子.

3.1.1　电离机制

当激光频率很低时, 可将激光电场近似看成静电场. 处于激光场中的原子, 其势能被激光电场调制而发生畸变, 即原子的库仑电场与激光电场在其偏振方向上相叠加而形成了一个合成势垒. 随着激光强度的增大, 势垒被压低, 使得电子可以贯穿它成为自由电子, 即发生了隧道电离[169]. 当激光电场增大到某个临界值, 使势垒高度降低到等于或低于原子的电离电势时, 电子就能够直接越过它而成为自由电子. 这一过程称为越过势垒电离[170]. 相应于临界场强的激光强度称为阈值电离激光强度, 可由下式来估计

$$I_{th} = 4.0 \times 10^9 U_i^4 (eV)/Z^2 (\text{W/cm}^2),　　　(3.1)$$

其中 U_i 是原子(或离子)的电离能, Z 是电离产生离子的电荷数.

电离速率是计算所有等离子体电离参量的基础. 在对强场电离进行描述的众多理论模型中, 人们能普遍接受的是由 Ammosov, Delone 和 Krainov 等[171]提出的准静态隧道电离模型 (即 ADK 模

型). 它与实验上测量的结果符合得很好[172,173]，而且该模型相对于非微扰理论等理论模型形式简单. 该模型给出的圆偏振激光和椭圆偏振激光场中电子的电离速率为

$$W_{st} = \omega_0 \frac{(2l+1)(l+|m|)!}{2^{|m|}|m|!(l-|m|)!} \frac{1}{2\pi n^*} \left(\frac{2e}{n^*}\right)^{n^*} \cdot E_i \times$$

$$\left[\frac{2E}{\pi(2E_i)^{\frac{3}{2}}}\right]^{\frac{1}{2}} \left[\frac{2(2E_i)^{\frac{3}{2}}}{E}\right]^{2n^*-|m|-1} \times \exp\left[\frac{2(2E_i)^{\frac{3}{2}}}{3E}\right], \tag{3.2}$$

其中 l 和 m 分别为角量子数和磁量子数，$n^* = \frac{Z}{\sqrt{2E_i}}$ 是有效量子数，Z 是电离离子的价数，E_i 为 Z 阶离子的电离能，ω_0 是原子单位的频率（$\omega_0 = 4.1 \times 10^{16}\,\text{s}^{-1}$），$E$ 为原子单位的激光电场. 目前在基于光场感生电离的电子碰撞机制的 X 射线激光实验研究中[174,175]，大部分采用高重复频率、超短脉冲、超高功率的掺钛蓝宝石激光系统作为驱动源. 此类激光器射出的激光脉冲为高斯型或双曲正割型，所以电离时刻的激光强度和电场强度的值随时间而变化. 当激光脉冲为双曲正割型脉冲时，电场强度随时间变化的表达式为

$$E(t) = E_0 \operatorname{sech}\left[\frac{1.76(t-t_{max})}{\tau_p}\right] \times \sqrt{\sin^2\omega t + \alpha^2\cos^2\omega t}, \tag{3.3}$$

其中 α 是偏振参量，当 $\alpha = 1$ 时，为圆偏振光场；$0 < \alpha < 1$ 时，为椭圆偏振光场.

当团簇内电子密度增加到一定程度后，团簇内部电场由于电子的屏蔽而减弱，电子碰撞将起主导作用. 电子碰撞电离又分两种情况：无规的热电子碰撞电离；一种为激光驱动电子运动使电子获得振动能，从而引起离子的电离. 对于热电子碰撞电离，电子速率分布采用 Maxwell 分布描述

$$f(v)\mathrm{d}v = 4\pi\left(\frac{m_e}{2\pi KT_e}\right)^{\frac{3}{2}} e^{-\frac{m_e v^2}{2KT_e}} v^2 \mathrm{d}v, \tag{3.4}$$

其中 m_e 为电子的质量，T_e 为电子的温度，v 为电子的速率，K 为波尔兹曼常数. 离子的电子碰撞电离截面可以采用 Lotz 电离截面[176,177]

$$\sigma(E_k) = a_i q_i \frac{\ln\left(\frac{E_k}{E_i}\right)}{E_k E_i}, \tag{3.5}$$

其中 $E_k = \frac{1}{2}m_e v^2$，为电子的动能，$a_i = 4.5 \times 10^{-14}\,\mathrm{eV^2\,cm^{-3}}$ 是一经验常数[178]，q_i 为离子外壳层的电子数目，E_i 是离子的离化势能. 因此离子的热电子碰撞电离速率为

$$W_{\mathrm{hot}} = \langle n_e \sigma(E_k)v \rangle = n_e \int \sigma(E_k)v f(v)\mathrm{d}v$$

$$= n_e a_i q_i \frac{2\sqrt{2}}{\sqrt{\pi}m_e^{1/2}E_i T_e^{1/2}}\int_{E_i/T_e}^{\infty} \frac{e^{-x}}{x}\mathrm{d}x$$

$$= 3.025 \frac{n_e q_i}{E_i T_e^{1/2}}\int_{E_i/T_e}^{\infty}\frac{e^{-x}}{x}\mathrm{d}x\,(fs^{-1}), \tag{3.6}$$

其中 n_e 为电子密度，单位采用 $\mathrm{nm^{-3}}$，离化势能和电子温度的单位采用 eV. 这电离速率是相当高的. 例如，对于 $\mathrm{Ar^{8+}}$ 离子，$E_i = 422\,\mathrm{eV}$，如果电子密度 $n_e = 2\times 10^{23}\,\mathrm{cm^{-3}}$，温度 $T_e = 1000\,\mathrm{eV}$，则 $\mathrm{Ar^{8+}}$ 电离为 $\mathrm{Ar^{9+}}$ 的电离速率约为 $0.3fs^{-1}$.

3.1.2 强激光场下团簇的加热机制

把激光与团簇的相互作用看作是激光与一个小的高密度等离子体球之间的相互作用，并假设团簇内无温度梯度，即整个团簇体积内的温度是均匀的，且激光的大部分能量通过逆韧致吸收沉积在团簇内的自由电子上. 团簇内单位体积的加热速率为[168,179]

$$\frac{\partial U}{\partial t} = \frac{1}{4\pi}\vec{E} \cdot \frac{\partial \vec{D}}{\partial t}, \tag{3.7}$$

其中团簇内光场 $\vec{E} = \frac{1}{2}\vec{e}_x(Ee^{i\omega t}c \cdot c)$，$\vec{D} = \varepsilon\vec{E}$. 对一个激光周期取平均，则能量的沉积速率为

$$\frac{\partial U}{\partial t} = \frac{1}{8\pi}\omega\mathrm{Im}(\varepsilon)\,|\vec{E}\,|^{\,2}. \tag{3.8}$$

由于团簇的尺寸比激光的波长小得多，团簇内部可以看作均匀场

$$E = \frac{3}{|\varepsilon + 2|}E_0,$$

其中 E_0 为激光在真空中的电场. 团簇内单位体积的加热速率为

$$\frac{\partial U}{\partial t} = \frac{9\omega}{8\pi} \cdot \frac{\mathrm{Im}(\varepsilon)}{|\varepsilon + 2|^{\,2}}\,|\,E_0\,|^{\,2}, \tag{3.9}$$

介电常数 ε 为等离子体的介电常数. 采用 Drude 模型[180]

$$\varepsilon = 1 - \frac{\omega_p^2}{\omega(\omega + i\nu)}, \tag{3.10}$$

其中 ω_p 是等离子体频率，υ 是电子-离子碰撞频率. 那么，团簇内单位体积的加热速率为

$$\frac{\partial u}{\partial t} = \frac{9\omega^2\omega_p^2\nu}{8\pi}\frac{1}{9\omega^2(\omega^2 + \nu^2) + \omega_p^2(\omega_p^2 - 6\omega^2)}\,|\,E_0\,|^{\,2}, \tag{3.11}$$

其中，$\omega_p = \sqrt{4\pi e^2 n_e/m_e}$ 是等离子体频率. 此式说明，加热速率与激光强度 $|E_0|^2$ 和频率 ω、电子与离子的碰撞频率 ν、电子密度 n_e 等密切相关. 当团簇球内的电子密度满足 $n_e/n_{crit} \gg 3$ 时（$n_{crit} = m_e\omega^2/4\pi e^2$ 为临界电子密度），由于团簇内部对激光电场能量密度的屏蔽作用，导致团簇内场强比团簇周围真空中的场强弱，降低了加热速率. 然而，随着团簇的膨胀，电子密度逐渐降低，当 $n_e/n_{crit} = 3$ 时，团簇内场强和加热速率相对团簇外有一明显的增强，即团簇内剩余的电子对激光的吸收有一共振峰，产生快速加热，电子温度有一突然上升，此时的电子即为超热电子. 高能的超热电子和热电子具有足够大的平均自由

程,以至于它们可以逃离出团簇. 在这些电子的逃逸过程中,会产生辐射电场,拉动团簇中的离子运动,从而把沉积在轻质量电子中的激光能量转移到重质量的离子中,使团簇迅速升温.

3.1.3 电子从团簇内的逃逸机制

由于电子的热运动,电子特别是高温电子会不可避免地从团簇内逃逸出去,并使团簇形成一个带正电荷 Q 的等离子体球. 正电荷 Q 在团簇表面产生库仑势,也称为逃逸势,在一定程度上会阻止电子从团簇内逃逸. 逃逸势为

$$K_{esc} = \frac{(Q+1)e^2}{r} = 1.44\frac{(Q+1)}{r}, \qquad (3.12)$$

r 为团簇半径,以 cm 为单位. 单位时间从团簇逃逸出去的电子数为

$$W_{FS} = \int vf(v)\mathrm{d}A\mathrm{d}v. \qquad (3.13)$$

其中团簇内部电子的速度分布函数可以假定服从麦克斯韦分布,考虑到只有那些动能大于逃逸势的电子才能从团簇内逃逸出去,并且考虑电子平均自由程的影响,上式可以写为

$$W_{FS} = 4\pi r^2 \int_{v_{esc}}^{\infty} \int_{\rho_{min}}^{r} \int_{\cos\psi_{max}}^{\cos\psi_{min}} vf(v)\,\frac{3\rho^2}{4\pi r^3}\mathrm{d}\cos\psi\mathrm{d}\varphi\mathrm{d}\rho\mathrm{d}v. \qquad (3.14)$$

积分的几何表示如图 3.1. 自由流体约束条件为

$$\cos\psi_{max} = -1$$

$$\cos\psi_{max} = \frac{\rho^2 + \lambda_e^2 - r^2}{2\rho\lambda_e}$$

$$\rho_{min} = r - \lambda_e$$

$$x < \lambda_e$$

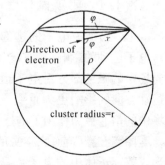

图 3.1 (3.14)式积分的几何表示

这样,可以得到电子的逃逸速率[112]

$$W_{FS} = n_e \frac{2\sqrt{2\pi}}{m_e^{1/2}(kT_e)^{1/2}}(K_{esc} + kT_e)e^{\frac{K_{esc}}{kT_e}}$$

$$\times \begin{cases} \dfrac{\lambda_e}{4r}(12r^2 - \lambda_e^2), & \lambda_e < 2r \\ 4r^2, & \lambda_e > 2r \end{cases}, \tag{3.15}$$

其中团簇等离子体中电子平均自由程,可以用标准的 Spitzer 公式表示[181]

$$\lambda_e = \frac{(kT_e)}{4\pi n_e(Z+1)e^4 \ln \Lambda}. \tag{3.16}$$

由于高能电子逃逸会带走能量,单位时间内电子从团簇逃逸带走的能量,即能流为[178]

$$q_{FS} = \int_s \int_v n_e v \frac{1}{2} m_e v^2 f(v)\, dv \cos \theta\, ds$$

$$= W_{FS}\left(2T_e + \frac{K_{esc}^2}{T_e + K_{esc}}\right), \tag{3.17}$$

其中 θ 为 $\vec{v}$ 与面元 $d\vec{s}$ 的夹角.

3.1.4 团簇内自由电子的迁移

上一节研究电子的逃逸行为时,仅仅考虑激光场中的电场部分对电子运动的影响. 其实,当激光强度 I 达到 10^{16} W/cm^2 量级时,激光场中的磁场部分对电子运动的影响是不可忽略的,尤其是对电子运动方向的影响更为重要. 这一节我们研究团簇内自由电子在激光场中的洛仑兹力作用下的迁移行为.

团簇在膨胀前,它本身的密度是近固体密度,当它充分电离时所形成等离子体中的电子数密度 n_e 达到 10^{22}/cm^3 量级. 那么,其等离子体频率

$$\omega_p = \sqrt{4\pi n_e/m_e} = 1.78\sqrt{n_e}(fs^{-1}), \qquad (3.18)$$

远大于通常的激光频率 ω. 激光作用于这种过密等离子体的穿透深度 $\delta = c/\omega_p$,一般约为 20 nm(对应 800 nm 波长的激光),不小于我们所研究的团簇尺寸. 为了简单起见,我们假定激光是线偏振的平面波,正入射至团簇表面. 取 X 轴沿激光传播方向,Y 轴沿电场方向,Z 轴沿磁场方向. 根据菲涅耳公式,等离子体内、外场强的关系是

$$E_{\text{in}} = \frac{2}{1+\sqrt{|\varepsilon|}} E(t), \qquad (3.19a)$$

$$B_{\text{in}} = \frac{2\sqrt{|\varepsilon|}}{1+\sqrt{|\varepsilon|}} B(t), \qquad (3.19b)$$

其中 E_{in},E 分别为团簇内、外的电场,B_{in},B 分别为团簇内、外的磁场,ε 为等离子体的介电常数

$$\varepsilon = 1 - \frac{\omega_p^2}{\omega(\omega+i\nu)}. \qquad (3.10)$$

这里 ν 是电子-离子碰撞频率. 考虑到 $\nu \ll \omega \ll \omega_p$,我们作如下近似:

$$\varepsilon \approx 1 - \frac{\omega_p^2}{\omega^2} \approx -\frac{\omega_p^2}{\omega^2}. \qquad (3.20)$$

把(3.20)式代入(3.19a)和(3.19b)式,我们获得

$$E_{\text{in}} \approx \frac{2\omega}{\omega_p} E(t), \qquad (3.21a)$$

$$B_{\text{in}} \approx 2B(t). \qquad (3.21b)$$

当激光脉冲为高斯型脉冲时,真空中电场强度和磁场强度随时间变化的表达式为

$$E(t) = E_0 \exp(-t^2/\tau^2)\cos\omega t, \qquad (3.22a)$$

$$B(t) = B_0 \exp(-t^2/\tau^2)\cos\omega t, \tag{3.22b}$$

其中 τ 是激光脉冲宽度,且 $\omega\tau \gg 1$.

在洛仑兹力的作用下,团簇内 $(x > 0)$ 的电子的运动表达式是

$$m_e \frac{\mathrm{d}v_x}{\mathrm{d}t} = \frac{2v_y}{c}eB_0 \exp\left(-\frac{x}{\delta}-\frac{t^2}{\tau^2}\right)\sin\omega t, \tag{3.23}$$

$$m_e \frac{\mathrm{d}v_y}{\mathrm{d}t} = \frac{2\omega}{\omega_p}eE_0 \exp\left(-\frac{x}{\delta}-\frac{t^2}{\tau^2}\right)\cos\omega t$$

$$-\frac{2v_x}{c}eB_0 \exp\left(-\frac{x}{\delta}-\frac{t^2}{\tau^2}\right)\sin\omega t, \tag{3.24}$$

其中 m_e 和 e 分别为电子的质量和电量,v_x 和 v_y 为电子运动的速度分量,c 为真空中的光速,取激光的入射点为坐标原点.

我们注意到在 $\omega_p > \omega$ 的条件下,团簇内激光中的电场和磁场成 $90°$ 的位相差而交替变化. 因此,根据(3.23)和(3.24)式,电子的迁移力是沿激光传播方向 X 轴,且正比于 $\sin^2\omega t$[182]. 实际上,当激光脉冲刚作时,电子的迁移速度不大,(3.24)式右边第二项小于第一项,这样就导致了最终的电子迁移速度沿激光传播方向(参见图 3.2). 相反地,在稀薄等离子体(或真空)中,激光中的电场和磁场具有相同的位相. 那么,在激光脉冲终止以后,电子的迁移消失,电子返回到最初位置[183,184].

我们在求解方程组(3.23)和(3.24)式的数值解时所用的初始条件是:$t = -\infty$ 时,$v_x = 0$,$v_y = 0$(考虑电子的热运动是无规的). 确定电子运动的参量取值为:激光峰值强度 $I = 5 \times 10^{16}$ W/cm^2,激光脉冲宽度 $\tau = 83fs$,电子数密度 $n_e = 8 \times 10^{22}$ cm^{-3},$\omega_p/\omega = 7$,以及 $\omega\tau/2\pi = 30$.

图 3.2 表明在激光上升沿时,初位置位于 $x = 0.2\delta$ 的电子速度 v_x 和 v_y(以真空中的光速 c 为单位). 从中我们可以看出由于激光场中的洛仑兹力的作用,在激光脉冲达到最大值之前,电子就可逃离团

簇,并且这时有 $v_y \to 0$. 据报道[185],在过密等离子体中,人们已观察到在激光的作用下,电子加速离开等离子体的现象.

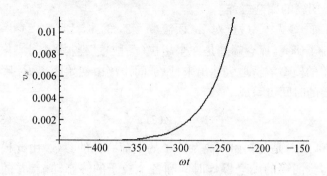

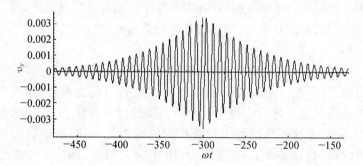

图 3.2 位于 $x=0.25$ 的电子速度 v_x 和 v_y(以真空中的光速 c 为单位)

通过上述研究,我们知道:在过密等离子体中,激光场中的磁场部分对电子的迁移起着非常重要的作用,这完全不同于稀薄等离子体的情况.

3.1.5 团簇的膨胀机制

当激光打到团簇上时,主要有两个力作用在团簇上使团簇发生膨胀:第一个是与超热电子相关联的压力,被加热了的电子向外膨胀推动冷的重离子一起向外运动;作用于团簇的另一个力来源于团簇上的电荷集结所产生的库仑斥力. 在库仑斥力作用下,各离子沿径向喷射,形成库仑爆炸.

(1) 团簇的库仑爆炸

I. Last 等人[186]最近对 Xe 团簇($n=2$, 3, 6, 13)的库仑爆炸动力学进行了研究. 库仑爆炸是一个超快(飞秒)过程,其时间演化过程可用简单的模型解析地表达出来. 原子间距离由初始距离 R_0 膨胀到 R 所需要的时间可写成

$$\bar{\tau} = t_0 Z(\xi), \tag{3.25}$$

其中 t_0 和 $Z(\xi)$ 是与初始距离及原子的电荷有关的参数. 由此模型出发可以得到团簇的库仑爆炸时间和各个粒子的终态动能. 并随着团簇大小的增加而超线性地增加;库仑爆炸时间与电荷成反比,随着团簇大小的增加而减小. 实际上爆炸时间是超短的,对 $q > 2$ 为几十飞秒,对 $q = 2$ 为 $100 \sim 150 fs$.

I. Last 等人还用分子动力学模拟对 Xe$_n$ 团簇的库仑爆炸进行了研究. 得到如下结论:A. 速度随着团簇的增大而增大,随电荷的增加成线性地增加;B. 爆炸时间随团簇的增大而减小,随电荷数的增加而减小. 这些结论与上述解析式的结果是一致的;综合上述结果可以得到,在一定尺度范围内,团簇越大以及产生的电离态越高,库仑爆炸中离子的动能或速度越大,爆炸时间越短,即爆炸越强烈.

(2) 团簇膨胀的流体动力学模型

对于大的团簇,其膨胀应是库仑力和由于电子运动而产生的流体动力的共同作用的结果. 我们可以设想一个膨胀流体球并利用其能量守恒来计算膨胀速率,在膨胀过程中整个球内保持均匀的温度和密度(但在减小)[187]

$$P 4\pi r^2 \frac{\partial r}{\partial t} = \frac{\partial K}{\partial t}, \tag{3.26}$$

这里,P 是球表面上的总压力,K 是膨胀团簇粒子的动能. 如果

忽略冷离子的压力，P 可分解成两项，分别来源于电子压力（流体动力）和库仑力

$$P = P_e + P_c$$

团簇半径的方程可写为

$$\frac{\partial^2 r}{\partial t^2} = 3\,\frac{P_e + P_c}{n_i m_i}\,\frac{1}{r}. \tag{3.27}$$

团簇膨胀的流体动力学项来源于电子的热能到动能的转化. 膨胀对电子温度影响可通过下式计算

$$P_e 4\pi r^2\,\frac{\partial r}{\partial t} = -\,\frac{3}{2}\cdot\frac{4}{3}\pi r^3 n_e k\,\frac{\partial T_e}{\partial t} + \frac{\partial E_{\text{coll}}}{\partial t}, \tag{3.28}$$

这里 $\dfrac{\partial E_{\text{coll}}}{\partial t}$ 是由于碰撞加热导致的能量吸收. 库仑压力为

$$P_e = n_e k T_e. \tag{3.29}$$

由于团簇膨胀引起的温度变化为

$$\left.\frac{\partial T_e}{\partial t}\right|_{\text{exp}} = -\,2\,\frac{T_e}{r}\,\frac{\partial r}{\partial t}. \tag{3.30}$$

为了估计由于电荷积累而引起的膨胀力，需要把团簇等离子体球处理为一个导体球，积累的电荷 Q_e 分布在团簇表面，这样一个球形电容储存的能量为

$$E_{Qe} = \frac{Q^2 e^2}{2r}.$$

团簇表面单位面积的压力为

$$P_c = \frac{Q^2 e^2}{8\pi r^4}. \tag{3.31}$$

由于库仑压力 P_c 和 $1/r^4$ 成正比，对于小团簇来说，库仑压力非常大. 比较方程式(3.29)和方程式(3.31)，对于一个电子密度为

10^{23} cm^{-3},温度为 1 000 eV,大小为 10 nm 的团簇,当 $Q \approx 10^5$ 时,库仑压力和流体动力学热压力可以比拟. 相应地,只要有～20％的电子飞离团簇($Z = 8$ 的情况),就意味着库仑压力是团簇膨胀的主要因素. 但是,当团簇膨胀以后,流体动力学热压力将占主要因素. 因为流体动力学热压力 P_c 按 $1/r^3$(由 n_e 得到)变化,而库仑压力 P_c 按 $1/r^4$ 变化.

关于团簇的膨胀过程,Ditmire[188] 利用 Runge-Kutta-Felberg 算法对经典的粒子运动方程进行积分的方法对 Ar 团簇的膨胀过程进行了模拟,表明团簇电离的时间和程度随着团簇的增大而增加;电子逃出团簇体积的时间也随着团簇的增大而增加. 在最小的 6 个原子的团簇中,一旦发生电离,大多数电子很快跑出团簇;然而对于 55 个原子的团簇,只有在激光脉冲的后期大部分电子才逃出团簇. 原因在于,在激光脉冲的初始阶段,激光场产生的隧穿电离是主要的电离机制,产生的部分电子在激光场的作用下在脉冲的后期通过碰撞继续电离团簇. 由于大的团簇具有更大的空间电荷力,能够更长时间地将电子约束在团簇内,使碰撞电离的持续时间变长,从而导致整个电离时间变长,电离程度增加.

3.2　强激光场中氘团簇膨胀引发核聚变

3.2.1　台式激光核聚变

人类正在面临地球上化石能源枯竭的威胁,作为理想的替代能源——受控核聚变是人类奋力追求的目标. 惯性约束聚变(ICF)给人们带来了很大希望,近几年得到了科学家们的极大重视. 目前激光核聚变研究受限于低重复率的巨型国家激光设施,如 NOVA 激光(10 路激光的基频总输出能量为 80～100 kJ). 建造这样的激光装置需要很高费用. 最近的一些研究已经表明,超短脉冲激光能够激发大的团簇,产生超热微等离子体,释放出动能高达1 MeV的带电离子[112],这个能量比小分子的库仑爆炸产生的离子能量高 4 个量级,这为产生核聚变所需要的具有足够平均离子能的等离子体提供了可能. Ditmire 等人[122]最近的研究向实现台式激光核聚变迈进了一大步.

他们利用一台基于啁啾脉冲放大技术的桌面激光器产生了激光峰值功率密度估计为 2×10^{16} W/cm^{-2}、脉宽为 35 fs、波长为 820 nm、输出能量为 120 mJ 的激光脉冲,该激光束被聚焦在氘气喷流的出射口处. 实验原理如图 3.4 所示,喷射氘气被低温冷却到$-170℃$,通过绝热膨胀产生了大的氘团簇. 用瑞利散射测量技术估计平均团簇的直径大约为 50 Å. 为了确定激光能量对氘团簇的耦合系数,他们测量了激光脉冲在氘气喷流内的吸收系数. 结果表明,当气体最初被冷却到$-170℃$,背气压超过 30 atm,激光能量的 90% 被淀积在等离子体中. 而在纯氘气时(在 20℃ 形成喷射的情况,此时无团簇形成),激光能量中只有很小部分($<5\%$)被等离子体所吸收. 这充分地说明了在加热氘等离子体过程中,激光与团簇相互作用的重要性. 利用光学相干测量,他们得到了等离子体中平均氘原子密度是 1.5×10^{19} cm^{-3},再与吸收系数结合起来对离子能量进行了估计. 结果说明,平均氘离子能量至少是 2.5 keV. 具有这样能量的离子足以驱动核聚变 $D + D \rightarrow {}^3He + n$ 事件的发生,从而获得能量为 2.45 MeV 的高能中子. 从实验上,他们利用中子探测器探测到了大量的能量为 MeV 的粒子,在距等离子体 3 个位置处探测到的粒子的飞行时间谱(TOF)均在对应中子能量为 2.45 MeV 的位置有一明显的峰. 这充分证实了在团簇等离子体中 DD 聚变反应的存在. 而且实验还证实,当喷流冷却温度高于$-120℃$时,没有观察到中子,在这个温度用瑞利散射不再看到大的团簇的形成,这些结果说明,大的氘团簇是导致 DD 聚变的直接因素. 在最佳的实验条件下,他们获得了每焦耳入射能量产生 10^5 聚变中子的效率,这个效率接近于大规模激光驱动核聚变实验的值. 这些研究结果说明,超短脉冲激光与团簇的相互作用研究为实现台式激光核聚变带来了希望.

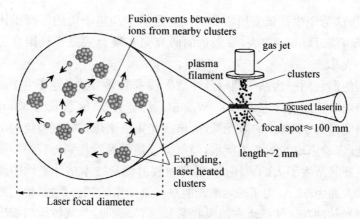

图 3.4 氘团簇激光聚变原理图

3.2.2 强激光场中氘团簇引发核聚变的双重膨胀机制

(1) 氘团簇离化与膨胀

氘团簇束的平均原子密度较低,与气体密度(10^{19}/cm³)相近,但团簇本身原子密度近于固体密度(10^{22}/cm³),团簇对激光能量的吸收率特别高. 当氘原子团簇($R = 25$ Å)被强激光脉冲($I = 2 \times 10^{16}$ W/cm², $\lambda = 820$ nm, $\tau = 35$ fs)照射时,根据 August 等人[170]提出的一维准经典库仑势垒压制电离(BSI)理论,电离所需的临界激光强度 I_{cr} 可由下式确定

$$I_{cr} = 4.0 \times 10^9 E_i^4 / Z^2 , \qquad (3.1)$$

其中 E_i(eV)为原子(离子)的离化能,Z 为离子电荷数. 把 $E_i = 13.6$ eV 代入式(3.1),显然 $I \gg I_{cr}$,那么团簇内所有氘原子在极短时间内(~ 0.7 fs)内,被激光场电离. 进而,摆脱原子束缚的每个自由电子获得了激光的有质动力势

$$U_{\text{pond}}(eV) = e^2 E_0^2 (1 + \alpha^2) / 4 m_e \omega^2$$

$$= 9.33 \times 10^{-14} (1 + \alpha^2) I \lambda^2 \qquad (3.32)$$

成为热电子. 用 $I = 2 \times 10^{16}$ W/cm^2, $\lambda = 820$ nm, $\alpha = 1$ (圆偏振光) 代入式(3.32), 得 $U_{\text{pond}} = 2.51$ keV. 热电子虽然摆脱了各自原子的束缚, 但仍在团簇内部, 团簇内部形成等离子体. 团簇进一步电离团簇的一种机制是激光电场压制带电的氘离子团簇的库仑势垒, 这类似于压制原子核库仑势垒. 随着激光电场的增加, 压制的迭加势垒越低, 团簇内的自由电子可以逃离团簇. 那么, 团簇离化并带电荷数 Q_c. 氘离子团簇的库仑势和外加激光电场的迭加势垒可以写为[189]

$$U(x) = -\frac{BQ_c}{x} - eEx, \quad x \geqslant R, \tag{3.33}$$

其中 R 为团簇半径, E 为激光电场, $B = e^2 / 4\pi\varepsilon_0$. 迭加势垒峰值的位置 X_{max} 可以通过 $\partial U(x)/\partial x = 0$ 求得. 设势垒峰值 U_{max} 等于团簇的离化势 U_{ion}, 那么, 外电场的临界的值可写为

$$E = 4\pi\varepsilon_0 U_{\text{ion}}^2 / 4Q_c e^3. \tag{3.34}$$

当激光电场不小于这临界电场时, 团簇内的热电子就可以自由地逃离团簇. 临界电场所对应的临界激光强度为

$$I_{\text{th}} = \frac{c\varepsilon_0}{2} E_0^2 = 4.00 \times 10^9 U_{\text{ion}}^4 / Q_c^2, \tag{3.35}$$

其中 I_{th}, U_{ion} 的单位分别是 W/cm^2 和 eV. 对于均匀分布的氘离子团簇(假设为球形), 其表面处电荷(电量为 e)的库仑势能为[138]

$$U_c = \frac{4\pi}{3} B n_i R^2, \tag{3.36}$$

上式中, n_i 为离子密度. 以文献[122]中的条件 $R = 25$ Å, $n_i = 3 \times 10^{-2}/\text{Å}^3$ 代入, 我们有 $U_c = 1.13$ keV. 把 $U_{\text{ion}} = U_c = 1.13$ keV, $Q_c = 1\,960$ 代入(3.35)式, 我们有 $I_{\text{th}} = 1.5 \times 10^{15}$ W/cm^2, 即 $I(\sim 2 \times 10^{16}$ W/cm$^2) > I_{\text{th}}(\sim 1.5 \times 10^{15}$ W/cm$^2)$. 这样在强激光($\sim 2 \times 10^{16}$ W/cm^2)脉冲作用下, 热电子可以逃离团簇表面, 直至无穷远处.

这些热电子从团簇中逃逸会产生强大的辐射场来加速氘离子,因而激光能量的沉积从质量轻的电子转移到质量重的离子,并且拉动冷离子随它们运动. 这样团簇发生流体动力学膨胀,其膨胀速度为离子的声速[190]

$$C_s = \sqrt{\frac{\gamma k_B T_e}{m_i}}, \qquad (3.37)$$

其中 m_i 为离子质量,γ 为气体热容常数. 团簇中的声能密度为

$$\varepsilon = \frac{p^2}{\rho_0 C_s^2}, \qquad (3.38)$$

式中,ρ_0 为团簇质量密度,$p = n_i k_B T_e$ 为声压. 由式(3.37),(3.38)我们可以得到每个离子的声能表达式

$$E_s = \frac{k_B T_e}{\gamma}. \qquad (3.39)$$

由于热电子逃离出团簇的时间(~ 0.16 fs)非常短,以至于我们可忽略团簇膨胀的尺寸(半径增大大约 2%)和时间,但流体动力学膨胀使每个氘离子获得的能量是惊人的. 假如,我们取 $k_B T_e = 2.5$ keV,$\gamma = 5/3$,有 $E_s = 1.5$ keV. 当电子逃逸以后,团簇出现正电荷的积累,进而原子团簇变成离子团簇,团簇表面处离子的库仑势能 U_c 由式(3.36)表示,结合式(3.39),我们可以得到该离子的总能量为

$$E_{tot} = E_s + U_c. \qquad (3.40)$$

在文献[122]的实验情况下,由式(3.36)、(3.39)、(3.40),我们可以估算 $E_{tot} = 2.6$ keV,这很接近文献[122]的实验数据(2.5 keV). 另一方面,两个氘核要聚合在一起,必须克服库仑斥力,其势垒高度为

$$E_c = \frac{1}{4\pi\varepsilon_0} \frac{e^2}{r_0}, \qquad (3.41)$$

这里 r_0 为两氘核的中心间距,可把 r_0 作为氘核的有效直径. 取 $r_0 = $

5 fm, 则 $E_c = 288\,\text{keV}$. 我们知道, 克服库仑势垒所需的能量来自参加反应的氘核的动能, 经典地说, 两氘核必须具有 $288\,\text{keV}$ 的相对动能才能足够接近, 使核力发生作用. 实际上, 根据量子理论的隧道效应, 当两个原子核聚合, 在它们的相对动能明显低于库仑势垒 E_c 时, 仍有一定的聚变反应概率. 理论上可以将两个原子核聚变反应的截面作为它们相对能量 w 的函数, 近似地表示成[191]

$$\sigma(w) \approx \frac{C_0}{w}\exp\left[-\frac{2^{3/2}\pi^2 M^{1/2}Z_1 Z_2}{hw^{1/2}}\left(\frac{e^2}{4\pi\varepsilon_0}\right)\right], \qquad (3.42)$$

其中 C_0 是由实验决定的常数, h 是普朗克常数. M 是两相互作用原子核的折合质量, Z_1、Z_2 为原子序数, 对于氘核, $Z_1 = Z_2 = 1$. 根据式 (3.42), 即使氘核的相对能量非常低时, 聚变反应的概率也存在, 且反应截面 σ 随相对能量 w 的增加而迅速增加. 最近, Last 等人也指出[192], 相对运动的能量 $T_r \geqslant 3\,\text{keV}$ 的氘核可以引发 DD 聚变反应. 因而我们认为, 在 Ditmire 等人的实验中[122], 半径约 25 Å 的氘原子团簇束, 受到飞秒强激光照射, 完全电离, 产生流体动力学膨胀并形成氘离子团簇. 在静电斥力作用下产生库仑爆炸, 从一个团簇中出射的高能氘核与另一个团簇飞出的氘核发生碰撞[122]. 考虑到质量分别为 m_1 和 m_2、速度分别为 $\vec{v}_1$ 和 $\vec{v}_2$ 的两体碰撞, 设 M 为折合质量、$\vec{v}_r$ 为相对速度. 则相对运动的能量 T_r 可表为

$$T_r = \frac{1}{2}M\vec{v}_r^2 = \frac{1}{2}\frac{m_1 m_2}{m_1 + m_2}(\vec{v}_1 - \vec{v}_2)^2. \qquad (3.43)$$

在对心碰撞 ($\vec{v}_1$ 与 $\vec{v}_2$ 方向相反) 的情况下, 则有

$$T_r = \frac{1}{2}\frac{m_1 m_2}{m_1 + m_2}(v_1 + v_2)^2 = \frac{1}{m_1 + m_2}(\sqrt{m_2 T_1} + \sqrt{m_1 T_2})^2,$$
$$(3.44)$$

其中 T_1 和 T_2 分别为两粒子的动能. 在上式中, 若 $m_1 = m_2$, 即质量相同的两体对心碰撞的相对运动能量为

$$T_r = \frac{1}{2}(\sqrt{T_1} + \sqrt{T_2})^2. \tag{3.45}$$

特别地,当 $T_1 = T_2 = T$ 时,有 $T_r = 2T$. 根据(3.43)和(3.45)式,有部分发生对心碰撞或大角度斜撞的氘核之间的相对运动能量会大于 $3\ keV$,足以穿透库仑势垒 E_c 发生 $D + D \rightarrow {}^3He + n$ 聚变反应,出现文献[122]所报道的实验结果.

(2)氘离子团簇的解体时间

氘离子团簇在静电斥力作用下,产生库仑爆炸. 爆炸时间和速度分别等同于团簇表明处离子的喷射的时间和速度. 具有初始动能 E_s 的离子从初半径 R 运动到 $r(r > R)$ 处的时间可表示为

$$\tau_c(r) = \int_R^r \mathrm{d}r/v = \int_R^r (m_i/2[E_s + U_c(r)])^{1/2} \mathrm{d}r, \tag{3.46}$$

其中 v 为氘离子的速度,$U_c(r)$ 是库仑势能的改变量,即

$$U_c = \frac{\rho e^2}{3\varepsilon_0} R^3 \left(\frac{1}{R} - \frac{1}{r} \right), \tag{3.47}$$

其中 ρ 是氘离子团簇的初始密度. 完成(3.46)式的积分,我们可以获得

$$\tau_c = \sqrt{\frac{m_i}{2}} R[F(\xi) - F_0], \tag{3.48}$$

其中

$$F(\xi) = \frac{\sqrt{\alpha - \beta\xi}}{\alpha\xi} + \frac{1}{2} \frac{\beta}{\alpha^{3/2}} \ln\left(\frac{1 + \sqrt{1 - \beta\xi/\alpha}}{1 - \sqrt{1 - \beta\xi/\alpha}} \right), \quad \xi = \frac{R}{r} \leqslant 1 \tag{3.49}$$

和

$$F_0 = \frac{\sqrt{E_s}}{\alpha} + \frac{1}{2} \frac{\beta}{\alpha^{3/2}} \ln\left(\frac{1 + \sqrt{1 - \beta/\alpha}}{1 - \sqrt{1 - \beta/\alpha}} \right). \tag{3.50}$$

在(3.49)和(3.50)式中,

$$\beta = \frac{\rho e^2 R^2}{3\varepsilon_0}$$

$$\alpha = E_s + \beta$$

我们取 $\rho = 3 \times 10^{-2}/\text{Å}^3$、$R = 25\ \text{Å}$、$I = 2 \times 10^{16}\ \text{W/cm}^2$，$\lambda = 820\ \text{nm}$，计算了团簇库仑爆炸的时间演化和速度变化的结果列于表3.1中.

表 3.1 库仑爆炸的速度 V、时间演化 τ_c 随团簇半径的变化

r	1.0R	1.1R	1.2R	1.4R	1.6R	1.8R	2.0R
τ_c(fs)	0	0.62	1.25	2.47	3.65	4.80	5.92
V(Å/fs)	3.81	3.93	4.04	4.19	4.31	4.39	4.46

I. Last 等人[192]定义库仑爆炸的时间是团簇半径增大到二倍初始值所经历的时间. 因此,我们认为,照射团簇的飞秒激光脉冲的上升沿时间应小于库仑爆炸时间,否则团簇解体后,不能有效地吸收激光能量.

(3) 氚离子团簇的爆炸效率

若采用不同的激光脉冲强度作用于不同尺寸的氚团簇,根据(3.46)~(3.50)式,我们计算氚团簇的爆炸时间和氚离子动能列于表 3.2,并作图 3.5 和图 3.6.

表 3.2 氚团簇的爆炸时间和团簇表面处氚离子的动能

$\rho = 3 \times 10^{-2}/\text{Å}^3$，$\lambda = 820\ \text{nm}$

I(w/cm^2)	15		20		25		30	
	τ_c(fs)	T_i(eV)	τ_c(fs)	T_i(eV)	τ_c(fs)	T_i(eV)	τ_c(fs)	T_i(eV)
2×10^{16}	3.79	1 917	4.90	2 234	5.92	2 640	6.85	3 139
4×10^{16}	2.73	3 427	3.59	3 744	4.41	4 150	5.51	4 649
6×10^{16}	2.25	4 937	2.95	5 254	3.64	5 660	4.32	6 159
8×10^{16}	1.94	6 447	2.59	6 764	3.24	7 170	3.88	7 669

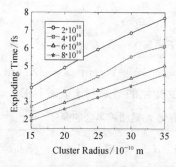

图 3.5 在不同的激光强度作用下， 图 3.6 在不同的激光强度作用下，
氘团簇爆炸时间与团簇半 氘离子的能量与团簇
径的关系 半径的关系

从中可以知道,氘团簇的爆炸时间随着激光脉冲强度的增加而减小,随团簇尺寸的增加而增加. 团簇爆炸时,氘离子的动能随激光强度线性增加,而随团簇尺寸非线性增加,这正是库仑能正比于团簇半径的平方的结果. 我们可以推论,当激光强度或团簇尺寸足够大时,氘离子的动能可达到几十 keV 以上,这为 DD 核聚变提供了一个高能氘离子源.

为了有效地提高氘离子的动能,我们应该考虑氘团簇的爆炸效率,其爆炸效率可作如下定义

$$\eta = \frac{N\langle W_i \rangle}{W_{ab}}, \qquad (3.51)$$

或

$$\eta = \frac{\langle W_i \rangle}{\langle W_i \rangle + \langle W_e \rangle}, \qquad (3.52)$$

这里 $\langle W_{ab} \rangle = N(\langle W_i \rangle + \langle W_e \rangle)$,是氘团簇吸收的激光能量,其中 N 是团簇的原子数目,$\langle W_i \rangle$ 和 $\langle W_e \rangle$ 分别是氘离子和电子在团簇爆炸期间的平均动能,并且我们取 $\langle W_e \rangle \approx U_{pond}$. 类似于(3.40)式,我们可以获得

$$\langle W_i \rangle = E_s + \langle U_c \rangle, \tag{3.53}$$

其中 $\langle U_c \rangle$ 是氘团簇中的每个氘离子的平均库仑能,且

$$\langle U_c \rangle = \frac{1}{N} \int_0^\infty \frac{1}{2} \varepsilon_0 E^2 \, dV = \frac{4\pi}{5} B\rho R^2, \tag{3.54}$$

其中 E 为氘离子团簇在爆炸前的静电场. 把(3.53)、(3.54)代入到(3.52)式,我们就可以获得氘离子团簇爆炸效率的关系式,

$$\eta = \left(1 + \frac{U_{\text{pond}}}{E_s + 4\pi B\rho R^2 / 5} \right)^{-1}, \tag{3.55}$$

其中,E_s 和 U_{pond} 分别由(3.39)和(3.32)式给出. 例如,在我们这里所考虑的情况中,$E_s = 1.51\,\text{KeV}$,$U_{\text{pond}} = 2.51\,\text{KeV}$,$R = 25\,\text{Å}$ 和 $\rho = 3 \times 10^{-2}/\text{Å}^3$,我们计算氘离子团簇的爆炸效率是 $\eta = 46.4\%$. 根据(3.55)式,爆炸效率随着激光强度的减小或者团簇的尺寸增加而增加,因而,通过增加团簇尺寸,我们不仅可以增加氘离子的动能,而且可以提高爆炸效率.

我们把氘团簇爆炸分成两个阶段,第一阶段主要是流体动力学膨胀,它发生在热电子逃逸团簇的时候. 热电子逃逸的时间是非常短的,以至于这一阶段团簇膨胀的时间和尺寸可以忽略,但离子的动能是可观的,因此,这个膨胀阶段为下一阶段提供了初始能量. 第二阶段是纯库仑爆炸,发生在热电子全逃离团簇后,紧随着流体动力学膨胀. 库仑爆炸的时间是几个 fs,它近似等于激光脉冲的上升时间,需要指出的是,增加激光脉冲强度,尽管可以增加氘离子的动能,但降低了爆炸效率,只有增加团簇的尺寸,既可以增加 D 离子动能,又可以提高爆炸效率,以便更有效地引发 DD 核聚变.

第四章 μ^- 子催化核聚变中强脉冲激光对介原子 μ^3He 的电离

　　带负电的 μ 子催化冷核聚变的想法在 1947 年就被提出[124]. 从 1957 年阿尔瓦雷兹[125]第一次在液氢泡室实验中观察到核聚变反应现象以来,人们就开始考虑借助 μ 子催化核聚变反应产生能源的可能性,至今,国外已经有了不少关于 μ 子催化聚变的报道,但是离实现可增益的 μ 子催化聚变的目标仍然有很远的距离. 究其原因有很多,其中最大的困难之一就是如何使 μ 子在其寿命周期($\tau \sim 2.2 \times 10^{-6}$ 秒)内尽量多次参与催化反应. 目前,实验上已实现了一个 μ 子可以催化约 150 次聚变[193]. 尽管如此, μ 子催化核聚变的效率与利用 μ 子催化冷核聚变生产商品能源的实际应用还很远,而导致 μ 子催化不能多次进行的主要因素是催化聚变中的反应物 ^3He 粒子对 μ 子的粘附作用,阻止 μ 子进行下一次催化. 大家知道, μ 子催化 d-d 反应中会出现两种可能的过程:

$$\mu + d + d \rightarrow dd\mu \rightarrow \begin{cases} ^3He + n + \mu \\ t + p + \mu \end{cases},$$

反应后并不是所有的 μ 子都被自由的释放出来去催化下一轮的反应,由于 ^3He、t、p 等和 d 的束缚能级能量不同,将有一部分 μ 子被束缚(粘附)在反应物上,不能全部参加下一轮的反应,但是对于第二个反应过程而言, μ 子将主要粘附在 t 上,形成 $t\mu$,而反应 $t\mu + d \rightarrow dt\mu$ 从各个方面的表现均比 d-d 反应优越得多[194~196],所以它的粘附过程不足忧虑. 而在第一个反应过程中, μ 子粘附在反应产物 ^3He 上,失去了再次催化的能力,即:$^3He + n + \mu \rightarrow \mu^3He + n$. 当然,被$^3He$核所俘获的$\mu$子摆脱束缚再生的机会是存在的,在外力的作用下,其再生反应为:$\mu^3He \rightarrow ^3He + \mu$,因此如何使$\mu$子再生已成为$d - d$反应中的一个重要的问题.

20世纪80年代后期啁啾脉冲放大技术的发展带来了激光技术的突破性进展,使人们所能获得的激光强度一下提高了5.6个量级,九十年代后期,美国劳仑兹·利弗莫尔国家实验室已经建成输出功率为1.5 PW的高功率激光系统,它的聚焦辐射强度可以达到10^{21} W/cm$^{2[4\sim7]}$. 2002年,人们发现把光学参量脉冲放大(OPCPA)$^{[197]}$技术结合激光放大器$^{[198,199]}$光学适应性镜片系统以及时域声光调变器等最先进科技,激光脉冲可以达到更高的能量,更小的聚焦光点,更短的脉冲宽度,将其聚焦之后的极值强度推进到10^{23} W/cm$^{2[200]}$. 我们相信,随着时间的推移,用不了多久,更高聚焦强度的激光就将会问世.

强激光束对原子、分子的电离和高离化态离子的产生都是有重大意义的$^{[12]}$. 当激光场强接近原子单位场强时,出现了许多新的非线性的物理现象,如气体原子与强激光相互作用中产生的高次谐波$^{[201,202]}$、阈上电离(ATI)$^{[203]}$以及原子的稳定化$^{[204,205]}$等现象. 经过十多年的研究,理论和试验上都取得了极为重要的进展$^{[206,207]}$. 尽管如此,我们尚未见到关于强激光场与介原子μ^3He相互作用研究的报道. 本文提出了在μ子催化核聚变中利用超强的激光场把粘附在反应物^3He上的μ子电离出来的方案,试图使μ子"复活",参加下一轮反应,重新催化核聚变,进而提高催化效率.

4.1　单色激光场对介原子 μ^3He 的作用

4.1.1　理论模型

一般来说,三维含时 Schrödinger 方程是最符合实际情况的,它不仅可以研究线偏振光对分子离子的增强电离作用,还可以研究圆偏振光和椭圆偏振光的增强电离作用. 但是,一方面,要对三维含时

Schrödinger 方程进行数值求解是很麻烦的,必须在大型的计算机上才能实现;另一方面,在 1995 年,Corkum 研究组[208,209] 对一维,二维和三维的 H^{2+} 离子分别进行了数值模拟,发现三种模型中,增强电离现象出现的范围均在原子核间距为 3 a. u. (a. u. 是原子单位, $m = e = \hbar = 1$, 其中 m 为电子的质量)附近处,且电离几率值也几乎相同,这就意味着采用分子模型的维数对增强电离的影响很小. 实际上,相对于三种不同的维数来说,真正对增强电离有影响的是激光的偏振方向. 故本文考虑一维模型,依然采用了原子单位,但此时的 m 是 μ 子的约化质量,大小为: $m = 199.24m_e$. 其一维定态 Schrödinger 方程可以表示为

$$\left(-\frac{1}{2}\frac{\partial^2}{\partial x^2} + V(x)\right)\psi(x) = \varepsilon\psi(x), \tag{4.1}$$

其中,势函数 $V(x)$ 采用软核模型[210],具体表达式为: $V(x) = \frac{-b}{\sqrt{a+x^2}}$. 其中 a 和 b 分别为大于零的可调参数. 数值求解方程 (4.1),我们便可以得到束缚 μ 子的定态波函数 $\psi(x)$. 在此基础上,引入线偏振激光场

$$\vec{E}(t) = E(t)\,\vec{e} = f(t) \cdot E_0\cos(\omega t)\,\vec{e}, \tag{4.2}$$

式中,E_0 为激光电场强度幅值,ω 为激光频率,$f(t)$ 为激光脉冲时间的包络因子,其具体形式为[211]

$$f(t) = \begin{cases} \sin^2\left(\frac{\pi t}{2T_{\text{on}}}\right), & 0 \leqslant t \leqslant T_{\text{on}} \\ 1, & T_{\text{on}} \leqslant t \leqslant T_c + T_{\text{on}} \\ \cos^2\left(\frac{\pi(t-T_{\text{on}}-T_c)}{2T_{\text{off}}}\right), & T_{\text{on}} + T_c \leqslant t \leqslant T_{\text{on}} + T_c + T_{\text{off}}, \end{cases}$$

$$\tag{4.3}$$

其中, $T_{\text{on}} = T_{\text{off}} = 2.5$ 倍的光波周期,分别是上升时间和下降时间,

$T_c = 5$ 倍的光波周期,是激光脉冲的常幅值段. 采用带电粒子与光场相互作用的偶极近似,激光场中的一维含时 Schrödinger 方程可以写为

$$i\frac{\partial \psi(x, t)}{\partial t} = \left(-\frac{1}{2}\frac{\partial}{\partial x} + V(x) + xE(t)\right)\psi(x, t). \quad (4.4)$$

4.1.2 数值计算

把(4.4)式写成差分形式

$$\frac{\psi(x, t+\Delta t) - \psi(x, t)}{\Delta t} = i\left(\frac{1}{2}\frac{\partial^2}{\partial x^2} - (V(x) + xE(t))\right)\psi(x, t),$$

$$(4.5)$$

上式可写为

$$\psi(x, t+\Delta t) = \left(1 + i\Delta t\left(\frac{1}{2}\frac{\partial^2}{\partial x^2} - (V(x) + xE(t))\right)\right)\psi(x, t).$$

$$(4.6)$$

若忽略 $(\Delta t)^2$ 项及以上高次项的影响,有

$$\exp\left(i\Delta t\left(\frac{1}{2}\frac{\partial^2}{\partial x^2} - (V(x) + xE(t))\right)\right)$$

$$= 1 + i\Delta t\left(\frac{1}{2}\frac{\partial^2}{\partial x^2} - (V(x) + xE(t))\right). \quad (4.7)$$

于是,方程(4.4)的解随时间的演化形式为

$$\psi(x, t+\Delta t) = \exp\left(i\Delta t\left(\frac{1}{2}\frac{\partial^2}{\partial x^2} - (V(x) + xE(t))\right)\right)\psi(x, t).$$

$$(4.8)$$

由于动能算符 $\frac{\partial^2}{\partial x^2}$ 和势能算符 $V_{\text{tot}} = V(x) + xE(t)$ 是不对易的,因此根据关系式

$$e^{A+B} = e^A e^B e^{-\frac{1}{2}[A, B]},$$
(4.9)

可知,(4.8)式可以写为[211,212]

$$\psi(x, t + \Delta t) = \exp\left(i\Delta t \frac{1}{2} \frac{\partial^2}{\partial x^2}\right)\exp(-i\Delta t V_{\text{tot}})$$

$$\psi(x, t) + O(\Delta t)^2.$$
(4.10)

这样,会引入 $O(\Delta t)^2$ 级误差. 若将(4.8)式中右边的动能项分成相等的两部分,且利用(4.9)式,有

$$\exp\left(i\Delta t\left(\frac{1}{2} \frac{\partial^2}{\partial x^2} - V_{\text{tot}}\right)\right)$$

$$= \exp\left(i\Delta t \frac{1}{4} \frac{\partial^2}{\partial x^2} + i\Delta t \frac{1}{4} \frac{\partial^2}{\partial x^2} - i\Delta t V_{\text{tot}}\right)$$

$$= \exp\left(i\Delta t \frac{1}{4} \frac{\partial^2}{\partial x^2}\right)\exp\left(i\Delta t \frac{1}{4} \frac{\partial^2}{\partial x^2} - i\Delta t V_{\text{tot}}\right) \cdot$$

$$\exp\left(\frac{1}{8}(i\Delta t)^2\left[\frac{\partial^2}{\partial x^2}, V_{\text{tot}}\right]\right).$$
(4.11)

再利用关系式 $e^{A+B} = e^B e^A e^{\frac{1}{2}[A, B]}$, 则有

$$\exp\left(i\Delta t\left(\frac{1}{2} \frac{\partial^2}{\partial x^2} - V_{\text{tot}}\right)\right)$$

$$= \exp\left(i\Delta t \frac{1}{4} \frac{\partial^2}{\partial x^2}\right)\exp(-i\Delta t V_{\text{tot}})\exp\left(i\Delta t \frac{1}{4} \frac{\partial^2}{\partial x^2}\right) \cdot$$

$$\exp\left(-\frac{1}{8}(i\Delta t)^2\left[\frac{\partial^2}{\partial x^2}, V_{\text{tot}}\right]\right)\exp\left(\frac{1}{8}(i\Delta t)^2\left[\frac{\partial^2}{\partial x^2}, V_{\text{tot}}\right]\right)$$

$$= \exp\left(i\Delta t \frac{1}{4} \frac{\partial^2}{\partial x^2}\right)\exp(-i\Delta t V_{\text{tot}})\exp\left(i\Delta t \frac{1}{4} \frac{\partial^2}{\partial x^2}\right) + O(\Delta t)^3,$$
(4.12)

按(4.12)式求解含时 Schrödinger 方程的方法就称为短时指数对称

分割法,它可以将计算产生的误差降至 $O(\Delta t)^2$ 级[213],这是当前求解含时 Schrödinger 方程最好的方法之一. 它是由 Feit 研究组首先提出的[214],并被 Heather 等人用于研究强激光场中 H₂⁺ 的动力学行为[215].

这样,方程(4.4)的解随时间的演化形式可以写为

$$\psi(x,\,t+\Delta t) = \exp\left(i\Delta t\,\frac{1}{4}\,\frac{\partial^2}{\partial x^2}\right)\exp(-i\Delta t(V(x)+xE(t)))\cdot$$

$$\exp\left(i\Delta t\,\frac{1}{4}\,\frac{\partial^2}{\partial x^2}\right)\psi(x,\,t) + O(\Delta t)^3. \qquad (4.13)$$

于是,只要我们知道了体系的初始状态,就可以由上式求出任意时候的状态. 理论上,若我们在计算中所取的时间步长 Δt 足够小,(4.13)式的误差项可以忽略,从而可得到很好的数值结果.

在求解中,由于动能传播子作用于动量空间,而势能传播子作用于坐标空间. 为了计算的方便,使用快速傅立叶变换(fast fourier transformation,FFT)[216]和逆变换(FFT⁻¹)将上式(4.13)中每一个时间点的波函数在动量空间和坐标空间之间迅速地转化.

对于动能部分,由于

$$\psi(p_j,\,t_m) = N^{-1/2}\sum_{n=1}^{N}\psi(x_n,\,t_m)\exp(ip_jx_n/\hbar), \qquad (4.14)$$

$\psi(p_j,\,t_m)$ 是波函数在动量表象中每一个动量网格点的取值,可由快速傅立叶变换求出,其中

$$j = 1,\,2,\,\cdots,\,\frac{N}{2}+1,\qquad p_j = j2\pi\hbar/L;$$

$$j = \frac{N}{2}+2,\,\frac{N}{2}+3,\,\cdots,\,N,$$

$$p_j = (j-N-1)2\pi\hbar/L,\quad \Delta p = 2\pi\hbar/L.$$

这里取 $N = 2^n$(n 为给定的整数),这是快速傅立叶变换的需要. 利用(4.14)式可将坐标波函数变换到动量空间,这样指数动能算符

作用在波函数上就变成了与指数函数相乘的关系,再经过快速傅立叶逆变换(FFT^{-1})将动量波函数变换回坐标空间. 这种算法不仅避免了动能算符的二阶偏微分计算,也大大地缩短了计算时间. 于是可以将(4.13)式写为

$$\psi(x_n, t_{m+1}) = FFT^{-1}\{e^{-ip_j^2\Delta t/4}\big[FFT\{e^{-i\Delta t(V(x)+xE(x))} \cdot$$

$$FFT^{-1}\big[e^{-ip_j^2\Delta t/4}FFT(\psi(x_n, t_m))\big]\}\big]\}.$$

我们把定态波函数 $\psi(x)$ 的基态 $\psi_0(x)$ 作为求解方程(4.4)的初始波函数,由方程(4.13)即可得波函数随时间的演化过程. 根据快速傅立叶变换的要求 $N = 2^n$,我们取 $n = 15$,即空间点 $N = 32\,768$,$\Delta x = 0.1$. 为了使计算范围内的波函数归一化,选取 $|x_{max}| = 819.2$,波函数的扩展空间为 $|x| \leqslant x$. 由于傅立叶变换的周期性,当波函数达到边界后还可能回到作用区,如果作用区的势函数很大,波函数又会再次回到边界,从而在边界处形成反射. 这种反射是非物理的,它的出现将影响计算结果的正确性. 为了避免波函数在数值网格边界上的反射,一种方法是在计算中采用尽可能大的传播空间,但传播空间太大会使计算量增加;另一种方法是在边界处引入吸收函数来吸收非物理的波函数. 这里,我们采用 $\cos^{1/8}\theta$ 函数[217]来吸收接近边界处的波函数,由于这些被吸收的波函数已经远离原子核,因此可以表征 μ 子已电离. 吸收函数的具体表达式

$$f(x) = \begin{cases} \cos^{1/8}(\pi(-widtx - x))/2(x_{max} - widtx), \\ \qquad -x \leqslant x \leqslant -widtx \\ 1, \qquad -widtx < x < widtx, \\ \cos^{1/8}(\pi(x - widtx))/2(x_{max} - widtx), \\ \qquad widtx \leqslant x \leqslant x_{max} \end{cases} \tag{4.15}$$

其中,取 $|widtx| = 800$,而 $-|widtx| \leqslant x \leqslant |widtx|$ 是光与介原子 μ^3He 的相互作用区.

4.1.3 计算结果

首先,我们计算了当激光强度 I 为 $10^{19} \sim 10^{23}$ W/cm^2 量级,λ 分别为 820 nm,780 nm,390 nm 时,介原子 $\mu^3 He$ 的电离率. 从计算结果得知,激光强度在不大于 10^{24} W/cm^2 量级时,$\mu^3 He$ 电离率非常小,且变化不大($\lambda=820$ nm 时,电离率为 2.7% 左右,$\lambda=390$ nm 和 $\lambda=780$ nm时,电离率接近为 0). 图 4.1 表示:激光强度在 $10^{19} \sim 10^{23}$ W/cm^2 量级时,介原子 $\mu^3 He$ 的电离率.

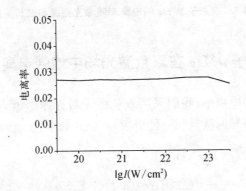

图 4.1 $\lambda=820$ nm, 激光强度为 $10^{19} \sim 10^{23}$ W/cm^2 量级时介原子 $\mu^3 He$ 的电离率($\lambda=390$ nm, $\lambda=780$ nm 的电离曲线基本上与横坐标轴重合,横坐标表示激光强度值的数)

接着,我们计算了 I 为 $10^{24} \sim 10^{25}$ W/cm^2 量级时,三种波长下介原子 $\mu^3 He$ 的电离率,如图 4.2 所示. 从图中可以看出:当激光强度达到 3.0×10^{24} W/cm^2 时,电离率曲线变得陡峭,电离率开始增大;当激光强度到达了 6.0×10^{24} W/cm^2 之后,出现了明显的电离现象;但是,当激光强度到达了 1.6×10^{25} W/cm^2 时,电离曲线变得平缓,电离率开始趋于饱. 另外,我们从图 4.1 中还发现了电离率与波长也有一定的联系,即:在一定的激光强度下,随着激光波长的增大,电离率也随着增大.

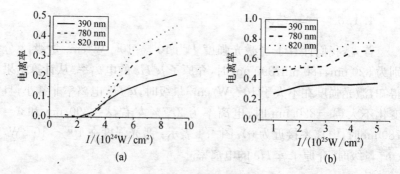

图 4.2　介原子 $\mu^3 He$ 的电离率随激光强度和波长的变化

4.2　介原子 $\mu^3 He$ 在双色激光场中增强电离的行为

为了改善电离率,我们采用双色激光对介原子 $\mu^3 He$ 作用. 双色激光场包含激光的基频和一种倍频,其形式如下

$$
\begin{aligned}
\vec{E}(t) &= E(t)\,\vec{e} \\
&= f(t)\{E_f \cos(\omega_f t) + E_h \cos(\omega_h t + \varphi)\}\,\vec{e},
\end{aligned}
\tag{4.16}
$$

其中,E_f,E_h 分别为基频激光和倍频激光的电场强度幅值,ω_f,ω_h 分别为激光的基频和倍频(对于 n 倍频激光:$\omega_h = n\omega_f$),φ 为激光的基频和倍频间"被锁定"的相位差(相对相位). $f(t)$ 为激光脉冲时间的包络因子,其具体形式见(4.3)式. $\vec{e}$ 为极化矢量,假设两频率光的极化方向相同,且均为线偏振. 把(4.16)式代入一维含时 Schrödinger 方程(4.4)式,进行数值求解,得到介原子 $\mu^3 He$ 在双色激光场中的电离率.

4.2.1　基频激光强度对介原子 $\mu^3 He$ 的电离率的影响

为了便于与单色激光电离作比较,我们选取能够产生明显电离率的激光强度($\sim 10^{24}$ W/cm² 量级)作为双色激光场中基频激光强度,且 $I_f = 2I_h$(I_f、I_h 分别为基频和倍频的激光强度),$\omega_h = 2\omega_f$,计算了基频激光波长 $\lambda_f = 820$ nm、相对相位 φ 分别为 $0, \pi/2$ 时介原子 $\mu^3 He$ 的电离率,如图 4.3 所示. 比较图 4.3 和图 4.4,可以发现双色激光场($\lambda_f = 820$ nm,$\lambda_h = 410$ nm) 作用介原子 $\mu^3 He$,介原子的电离率大大增加,大于两个单色激光束分别作用时(如图 4.4)的电离率的叠加.

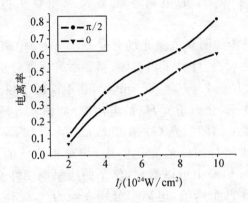

图 4.3 介原子 $\mu^3 He$ 在双色激光场中电离率随基频激光强度的变化

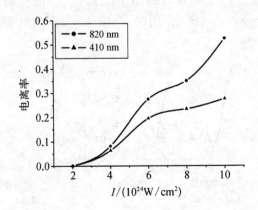

图 4.4 介原子 $\mu^3 He$ 在单色激光场中电离率随激光强度的变化

4.2.2 基频和倍频间的相对相位对介原子 μ^3He 的电离率的影响

从图 4.3 我们还可以发现,对于基频——2 倍频的双色激光场,介原子 μ^3He 的电离率与基频和倍频的相对相位 φ 有关;在激光强度相等的情况下,相对相位 $\varphi = \pi/2$ 的两倍频的双色激光场对介原子 μ^3He 的电离率明显大于相对相位 $\varphi = 0$ 的电离率.

为了进一步说明双色激光场对介原子 μ^3He 电离率随相对相位灵敏地变化,我们计算了当基频、倍频激光强度分别为 $I_f = 2\times 10^{24}$ W/cm^2、$I_h = 1\times 10^{24}$ W/cm^2 时,在不同的倍频激光、不同的相对相位条件下,介原子 μ^3He 的电离率. 如图 4.5 所示:其中图 4.5(a)给出了 2 倍频激光($\lambda_f = 820$ nm、$\lambda_h = 410$ nm)作用时,介原子电离率随相对相位的变化曲线,相对相位 φ 的变化范围为 0~2π. 从图 4.5(a)中可以看出,整个曲线呈周期性变化,变化周期为 π,出现了两个峰值,电离率分别在 φ 为 π/2、3π/2 时达到最大值,最大电离率为 11.7% 左右,在 φ 为 0、π 时电离率最小,最小值为 6.7% 左右. 图 4.5(b)给出了基频——3 倍频的激光($\lambda_f = 820$ nm、$\lambda_h = 820/3$ nm)作用时,介原子 μ^3He 的电离率随相对相

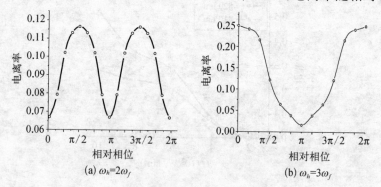

(a) $\omega_h = 2\omega_f$ (b) $\omega_h = 3\omega_f$

图 4.5 电离率随倍频激光间相对相位的变化

位 φ 的变化曲线. 可以看出, 在计算范围内, 整个曲线呈类余弦分布, 电离率分别在 φ 为 0、2π 时达到最大值, 最大电离率为 24.9% 左右, 在 φ 为 π 时电离几率最小. 与基频——2 倍频激光作用相比, 此时基频——3 倍频激光对介原子 $\mu^3 He$ 的最大电离率大于基频——2 倍频激光的最大电离率, 而基频——3 倍频激光对介原子 $\mu^3 He$ 的最小电离率小于基频——2 倍频激光的最小电离率, 这说明基频——3 倍频激光对介原子的电离行为有较强的控制作用.

4.3 讨论

4.3.1 单色激光与介原子作用

对于单色激光作用介原子 $\mu^3 He$ 的情况, 我们可以用电子的准静电场电离模型来定性解释 μ 子电离的现象: 当激光场频率较低时, 激光场强被近似的看作静电场, 处于激光场中的 $\mu^3 He$, 其库仑势能曲线被激光电场调制而发生畸变, 即 $\mu^3 He$ 中的库仑电场与激光电场在其偏振方向叠加而形成了一个合成势垒. 随着激光强度的增大, 势垒的高度被压低, 宽度变窄, 使得 μ 子有一定的几率贯穿而成为自由 μ 子. 于是出现电离增强现象; 当激光电场增大到某个临界值后, μ 子就能够直接越过势垒而成为自由粒子, 这一过程称为过势垒电离, 或越垒电离, 相应于此临界值的激光场强表示为: $I_{th} = 4 \times 10^9 U_i^4 / Z^2$, U_i 是粒子的电离能, 我们利用这公式, 可以估算出 $\mu^3 He$ 越垒电离阈值: $I_{th} = 1.46 \times 10^{25}$ W/cm^2, 与我们数值计算结果基本吻合. 一方面说明激光强度在 $I > I_{th}$, 介原子 $\mu^3 He$ 出现了明显的电离, 且随着激光强度的增大而缓慢增大, 并趋于饱和(图 4.2); 另一方面由于量子隧穿效应的作用, 即使激光强度在 $10^{19} \sim 10^{24}$ W/cm^2 量级时, 也出现了电离现象, 仍然使 μ 子的电离成为可能(图 4.1).

此外, 在强激光场中, 带电粒子要受到电场的有质动力势

$$U_p = \frac{1}{2}m_\mu \langle \dot{x}^2 \rangle = \frac{e^2 E_0^2}{4m_\mu \omega^2} = (27.45)^2 \frac{e^2 I}{4m_\mu \omega^2} \qquad (4.17)$$

的影响[218],根据强场感生的原子极化原理,原子中所有的能级都会有某种程度的移动,这就是 AC Stark 移动或者有质动力移动. 而实际上它们的能级移动就是由 U_p 给出的[219]. 也就是说,当激光介入时,介原子 $\mu^3 He$ 的激发态相对于较低的束缚态能级有一个近似为 U_p 的上移. 从式(4.17)中,我们可知 $U_p \propto \lambda^2$,即波长较长的激光作用于介原子 $\mu^3 He$,相应地导致了介原子 $\mu^3 He$ 的电离率增加(图 4.1、图 4.2、图 4.4). 且根据(4.3)式中,由于我们的激光脉冲宽度采用 $T = T_{on} + T_{off} + T_c = 10$ 倍光波周期,波长越长,即激光的单个脉冲作用时间越长,电离率也就越大. 这说明在电离值饱和之前,介原子的电离率随着激光作用时间的增加而增加.

4.3.2 双色激光与介原子作用

在双色激光场对介原子 $\mu^3 He$ 的作用下,峰值场强不再为一定值,而是随相对相位 φ 而变化的,而电离几率又是与场强有关的. 根据式(4.16)就可以知道双色激光的峰值场强随相对相位 φ 的变化情况. 通过比较,我们发现,当基频——3 倍频激光作用介原子 $\mu^3 He$ 时,峰值场强随相对相位 φ 的变化与电离几率随相对相位 φ 的变化曲线吻合得很好;而基频——2 倍频激光作用介原子 $\mu^3 He$ 时,峰值场强随 φ 的变化与电离几率随相对相位 φ 的变化曲线趋势正好相反,也就是说,对于基频——2 倍频激光,峰值场强随相对相位变化并不是介原子 $\mu^3 He$ 的电离率随相对相位变化的真正原因.

目前,对相对相位控制电离率的物理机制仍在讨论中,其中较为成功的是 Mies 研究组从量子力学用等热缀饰势曲线给出的解释. 为此,我们采用等热缀饰势[220]曲线来说明双色激光基频-倍频相对相位控制电离率的现象,以基频——2 倍频的双色激光的作用为例,当 $I_f = 2 \times 10^{24}$ W/cm²、$I_h = 1 \times 10^{24}$ W/cm²、$\lambda_f = 820$ nm、$\lambda_h = $

410 nm 时,根据不同的相对相位,计算了缀饰势的变化,如图 4.6 所示. 从图 4.6 中可以明显地看到,相对相位 $\varphi = 0$ 与 $\varphi = \pi$ 的缀饰势曲线完全重合,说明介原子 $\mu^3 He$ 在这两个相对相位条件下,电离情况完全相同,这与图 4.5(a) 的电离率随相对相位变化曲线吻合. 而相对相位 $\varphi = \pi/2$ 时,其缀饰势曲线的势垒降低,导致介原子电离率增大,因此,图 4.5(a) 中,电离率分别在相对相位 $\varphi = \pi/2$ 时,达到最大值.

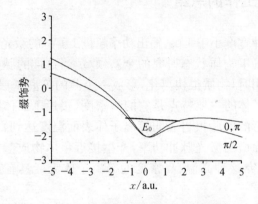

图 4.6　不同相对相位的缀饰势变化

我们提出了用强激光场电离介原子 $\mu^3 He$ 的方法,想以此来使粘附的 μ 子复活,提高 μ 子的催化效率. 由于双色激光基频-倍频相对相位能灵敏地控制介原子的电离率,我们可以选择适当的基频-倍频相对相位,在双色激光强度确定了的情况下,尽可能地增大介原子 $\mu^3 He$ 的电离率. 从数值计算结果发现,采用单色激光单个脉冲作用时,激光强度在 10^{19} W/cm^2 量级时,就有 2.7% 左右的电离率. 研究表明介原子 $\mu^3 He$ 的电离率随着激光强度、波长和作用时间而递增. 这样,可以采用脉冲激光串相继作用于介原子 $\mu^3 He$ 上,则人们利用现有激光技术就有可能实现介原子 $\mu^3 He$ 的充分电离.

第五章 回顾与展望

5.1 论文工作的总结

具有脉冲宽度小于 1 ps,输出功率超过 1 TW 的激光器的发展打开了强电磁场下物质状态研究的全新领域. 当这样的脉冲激光同凝聚靶相互作用时,物质很快离化,形成一个薄的等离子层(1 μm). 这样一个等离子体的主要特点是它的高密度(接近于固体密度). 利用太瓦激光进行的实验报告表明等离子体表面温度达到百万电子伏. 我们不能排除增加激光脉冲功率,产生接近星体物质参数的实验对象可能性. 研究这种高温、高密度的等离子体无疑具有重要的科学意义.

由于国内外对等离子体中电子的集体行为的研究基本上是基于经典的 Langmuir 集体激发模式(其中非相对论性等离子体振动频率为 $\omega_p = (4\pi n_p e^2 / m_e)^{1/2}$). 然而,在高温等离子体中,电子的温度为 $10^6 \sim 10^8$ k. 此时,电子的运动速度可认为接近于光速. 因此,应该用相对论的理论来重新研究高温等离子体中相对论性电子的集体行为,而并非简单的采用传统的 Langmuir 集体激发模式,也不是简单地认为相对论性等离子体振动频率为 $\omega_p = (4\pi n_e e^2 / \gamma m_e)^{\frac{1}{2}}$,这里 γ 为相对论性洛仑兹因子. 我们认为,在相对论性等离子体系体中,存在着速率分布律,各个电子的洛仑兹因子是不尽相同的,因而用某个相对论性电子的洛仑兹因子来描述高温等离子体的振动频率是不合适的. 于是,我们在第二章的第一部分首先根据相对论性麦克斯韦分布,得到电子的平均洛仑兹因子 $\langle\gamma\rangle$ 与系统温度的关系;接着用相对论的理论研究了高温等离子体中相对论性电子的集体行为;通过引入李纳-维谢尔电磁势来描述相对论性电子产生的场,利用密度函数把相互作用的电子划分为集体部分和个体部分,进而着重研究集体部分,得到了相对论修正的等离子体的振动频率和"德拜长度". 我们的理论结果表明:不同于通常低温等离子体的情况(具有固定的密度,就有固定的振动频率),高温等离子体的振动频率还会随着其温度的变化而变化(主要体现在平均洛仑兹因子$\langle \gamma^3 \rangle$上). 等离子体温度越高,电子的运动速度加快,洛仑兹因子逐渐变大,使得高温等离子体的振动频率随之减小,而德拜长度逐渐增大. 当温度不太高时,等离子体频率随电子温度的变化较缓慢;当温度$T_e > 20$ keV 时,等离子体频率随电子温度的变化很明显,说明存在着显著的相对论效应. 在第二部分中我们研究了快电子束在高温等离子体中传输时,由于相对论性电子集体振动的激发而导致的能量损失. 结果表明:由于德拜长度的增大,使得在"德拜球"外参与集体振动的电子数减少,而"德拜球"内参与自由热运动的电子数增加. 因此,电子束在高温等离子体中的能量沉积不仅与电子束速度有关,而且与高温等离子体的频率或温度有关,由集体激发引起的能量损失比通常等离子体中的小.

在本文的第三章中,我们在理论上主要研究了飞秒激光与氙团簇的相互作用. 在飞秒激光作用下,团簇充分电离,针对自由电子从团簇逃逸出来的行为,我们首先提出一种可能机制:团簇膨胀前其内部是过密等离子体,穿透进团簇的激光场中磁场部分是不可忽略的,团簇中的自由电子在洛仑兹力的作用下,以较大的速度迁移,会沿激光的传播方向逃逸出团簇. 紧接着我们研究了飞秒激光脉冲加热氙团簇引发核聚变的机理. 当飞秒激光与中等尺寸氙团簇相互作用时,我们针对团簇膨胀过程提出了双重膨胀的机制:团簇依次发生流体动力学膨胀和库仑爆炸. 解释了产生高能氘核的原因,与实验结果较为吻合. 并计算了氘团簇库仑爆炸时氘核的速度以及氘离子团簇解体时间,为选取合理的激光脉冲宽度参数提供参考. 最后,我们还对氘团簇的爆炸效率进行了研究,发现氘团簇的爆炸效率随着照射的激光强度的增加而减小、随着团簇的尺寸的增加而增加. 可以认为,增加激光脉冲强度,在团簇爆炸时可以增加氘离子的动能,但降低了爆炸效率; 只有增加团簇的尺寸,既可以增加氘离子动能,又可以提高爆炸效率,以便更有效地引发 d-d 核聚变.

目前,μ 子催化核聚变的效率离人们的期望值相差较远,其中最大的困难之一就是如何使 μ 子在其寿命周期($\tau \sim 2.2 \times 10^{-6}$ 秒)内尽量多次参与催化反应. 在 μ 子催化 d-d 聚变反应中,有两个反应道,其中一个反应道所产生的 μ 子可以参加下一轮的催化反应,但另一个反应道产生的 μ 子会被反应物 ^3He 粘附形成介原子 $\mu^3 He$,被粘附的 μ 子不能参加下一轮的反应. 我们首次提出了在 μ 子催化核聚变中利用超强的激光场把粘附在反应物 ^3He 上的 μ 子电离出来的方案,试图使 μ 子"复活",参加下一轮反应,重新催化核聚变,进而提高催化效率. 通过数值求解了一维含时的 Schrödinger 方程,研究 μ 子催化核聚变反应中单个脉冲的激光强度和波长对介原子 $\mu^3 He$ 电离的影响. 发现当激光强度为 $10^{19} \sim 10^{23}$ W/cm^2 量级时,介原子 $\mu^3 He$ 有 2.7% 左右的电离率; 当激光强度达到 6.0×10^{24} W/cm^2 时,对介原子 $\mu^3 He$ 有显著的电离,并且电离率随着激光的强度、波长而递增. 这样,可以采用脉冲激光串相继作用于介原子 $\mu^3 He$ 上,人们可以利用现有激光技术实现介原子 $\mu^3 He$ 的充分电离.

5.2 待解决的问题与对未来的展望

根据激光核聚变快点火方案的设想,点火的激光束与靶心的高温、高密度等离子体相互作用,产生大量的能量为 MeV 量级的超热电子,超热电子流穿入高度压缩的靶丸,并把能量沉积在靶心处的核燃料中,靶心附近燃料的温度迅速上升至点火温度,从而实现靶丸的快点火. 在本文第二章,我们研究了快电子束在高温等离子体中传输时由相对论性电子集体激发引起的能量损失,下一个工作就是利用它,并且结合电子-电子两体碰撞和电子辐射的能量损失,探讨超热电子流对高度压缩的 DT 靶心快点火,运用相对论理论计算快电子束在靶心的连续曲折射程、最大穿透深度和特征时间等三个重要物理参量.尽管快点火方案具有十分诱人的前景,同时我们也应该看到它存在的困难,利用强激光实现点火涉及很多复杂的超强激光和等离子体相互作用的问题.超强激光在稀薄等离子体中传播时,除产生超热电子外,能驱动等离子体多种不稳定性,存在着相对论性自聚焦、成丝和高斯慢变磁场,同时也存在着激光能量在空间的扩散.在超临界稠密等离子体中,除了研究超热电子产生和传输外,则需要研究激光传播与打洞过程,能量吸收机制,超高斯慢变磁场的产生与作用等.

用相对论理论处理超热电子的动力学行为,涉及相对论性的流体力学,是一个全新领域.其中超热电子慢化机制、韧致辐射损失的处理和相对论性形式的波尔兹曼方程求解等许多问题,将会激起我们浓厚的兴趣去探索.

对于超短脉冲激光与团簇相互作用,现在已经建立了好几种理论模型,如电离点火模型、流体动力学模型、经典粒子动力学模型以及托马斯费米模型来分析解释激光与团簇作用过程中高电离态离子、高能离子的产生机制,然而到目前为止,还没有一种理论模型被完全接受.而且这些理论和实验也都预示着在激光与团簇的相互作用过程中会有共振吸收和共振增强的存在,这种共振增强和共振吸收在多大的空间尺度和时间尺度以及在多大的程度上起作用还不是很明确.还有很多未知的领域有待开拓,理论模型还需要不断完善.总之,超短脉冲激光与团簇相互作用研究是近几年内的事,目前还处于研究的初期阶段,所得到的实验结果并不多.现在已提出的理论模型还不能完全很好地来描述这个超快的相互作用过程,而且关于相互作用机制的解释还很不一致,甚至对产生 X 射线辐射机制的解释,不同研究小组之间也明显存在着矛盾.另外,团簇在超强激光场中的相对论效应以及量子效应有待理论和实验的深入探索.可以说这一领域尚未揭开的奥秘远比我们已知的现象多,这也是目前科学界对此有着十分浓厚的兴趣并投入大量研究的原因.特别值得指出的是,研究强激光场与团簇相互作用的意义绝不仅限于科学的范畴,它更有着十分广阔的应用前景.因此,为了把该研究尽早地应用到激光核聚变和 X 射线激光等实际中,更深入的实验和理论研究是必需的.

另外,需要指明的是:对于 μ 子催化聚变现象的研究及与之相关的增值反应堆的方法还远未完善.在还未完全了解其机制前,我们暂时还不能立即实现 μ 子的催化的实际应用,相反,应是把 μ 子催化聚变作为一个核物理和粒子物理基础研究的一个分支来考虑.

μ 子催化取决于 μ 介子分子结构和 μ 子原子的特性,使得利用 μ 子催化来产生核能和中子的实际应用具有可能性,这种可能性能否变为现实,未来会给我们展示.这不仅依赖于科学根据,而且依赖于未来的技术水平,还需要考虑生态的、社会的等等因素.无论怎样,到目前为止的工作,显示这项有趣而光彩的研究还在继续下去.在过去的几十年中,人们的注意力集中在 μ 子催化现象的过程本身上:介分子能级和不同介原子的计算、特别研究了 $dd\mu$ 和 $dt\mu$ 介分子的共振形成,这些工作还在继续.我们下一步将考虑利用适当的激光场,对 μ 子催化聚变进行相干控制,以便有效地提高 $dd\mu$、$dt\mu$ 介分子的形成率和催化周期率(催化周期数目),或降低 He 对 μ 子的粘附几率.现在实验上发现了一个 μ 子可催化上百次 $d-t$ 聚变,并释放出大量的能量.随着人们研究的深入及在加速器技术上的进步,μ 子催化聚变作为一种潜在的能源,已重新激发起人们的兴趣,我们坚信,μ 子催化聚变的时代必将到来.

参 考 文 献

1　Maine P. , Strickland D. , Bado P. , *et al*. Generation of ultrahigh peak power pulses by chirped pulse amplification. *IEEE J. Quant. Electron.* ,1988; **24**: 398 – 403

2　Mourou G. A. The ultrahigh-peak-power laser: present and future. *Appl. Phys.* B,1997; **65**: 205 – 211

3　孟绍贤. 超强激光场物理学. 物理学进展,1999; **19**(3): 236 – 269

4　Luther-Davies B. , Gamalii E. G. , Wang Y. , *et al*. Hot electrons generated by ultraintense laser plasma interaction. *Sov.* , *J Quantum Electron* ,1992; **22**(4): 289 – 325

5　Perry M. D. , Perry G. Terawatt to patawatt subpicosecond lasers. *Science*, 1994; **264**: 917 – 924

6　Joshi C. , Corkum P. Interactions of ultra-inense laser light with matter. *Physics Today*, 1995; **1**: 36 – 43

7　Mourou G. , Barty C. , Perry M D. Ultrahigh-intensity lasers: Physics of the extreme on a tabletop. *Physics Today* ,1998; **1**: 22 – 28

8　张杰. 强场物理——一门崭新的学科, 物理, 1997; **26**(11): 643 – 649

9　Donald Umstadte, Relativistic laser-plasma interactions. *Journal of Physics D* , 2003; **36**: 151 – 165

10　Burnett N. H. , Baldis H. A. , Richardson M. C. , Enright G. D. Harmonic generation in CO_2 laser target interaction. *Appl. Phys. Lett.* , 1977; **31**: 172 – 174

11 Landau L. D. *Teoriia Polia* (Moscow: Nauka) 1948

12 Shen Y. R. *The Principle of Nonlinear Optics*, wiley New York, 1984

13 Durfee C. , Milchberg H. Light pipe for hight intensity laser pulse. *Phys. Rev. Lett.* , 1993; 71: 2953 – 2956

14 Monot P. , Auguste T. , Gibbon P. , Jakober F. , Mainfray G. Experimental demonstration of relativistic self-channeling of a multiterawatt laser pulse in an underdense plasma. *Phys. Rev. Lett*, 1995; **74** : 2953 – 2956

15 Lawson J. D. Lasers and accelerators. *IEEE Trans. Nucl. Sci.*, 1979; **26**: 4217 – 4219

16 Eric Esarey, Phillip Sprangle and Jonathan Krall. , Laser acceleration of electrons in vacuum. *Phys. Rev E*, 1995; **52**: 5443 – 5443

17 Bucksbaum P. H. , Bashkansky M. , McIrath T. J. Scattering of electrons by intense coherent light. *Phys. Rev. Lett.* , 1987; **58**: 349 – 352

18 Monot P. , Auguste T. , LompréL. A. , Mainfray G. , Manu C. Energy measurements of electrons submitted to an ultrastrong laser field. *Phys. Rev. Lett.* , 1993; **70**: 1232 – 1235

19 Moore C. I. , Knauer J. P. , Meyerhofer D. D. Observation of the transition from thomson to compton scattering in multiphoton interactions with low-energy electrons. *Phys. Rev. Lett.* , 1995; **74**: 2439 – 2442

20 Malka G. , Lefebvre E. , Miquel J. L. Experimental observation of electrons accelerated in vacuum to relativistic energies by a high-intensity laser. *Phys. Rev. Lett.* , 1997; **78**: 3314 – 3317

21 Wang J. X. , Ho Y. K. , Kong Q. *et al*. Electron capture and

violent acceleration by an extra-intense laser beam. *Phys. Rev. E*, 1998; **58**: 6575 - 6577

22 Pang J. , Ho Y, K. , Yuan X. Q. , *et al*. Subluminous phase velocity of a focused laser beam and vacuum laser acceleration. *Phys. Rev E*. ,2002; **66**: 066501(4)

23 Kong Q. Ho, Cao Y. K. , *et al*. Electron dynamics characteristics in high-intensity laser fields. *Appl. Phys.* , 2002; **B74**(6): 517 - 520

24 华剑飞,霍裕昆,曹娜等. 激光加速电子束团的输出特性研究. 高能物理与核物理, 2004; **28**(3): 308 - 312

25 Esarey E. , Sprangle P. , Krall J. , Ting A. Overview of plasma-based accelerator concepts. *IEEE Trans. Plasma Sci.* 1996; **PS - 24**: 252 - 288

26 Tajima T. , Dawson J. M. Laser Electron Accelerator. *Phys. Rev. Lett.* 1979; **43**: 267

27 Antonsen T. M. , Mora P. Self-focusing and Raman scattering of laser pulses in tenuous plasmas. *Phys. Rev. Lett.* , 1992; **69**: 2204 - 2207

28 Andreev N. E. , Gorbunov L. M. , Kirsanov V. I. , Pogosova A. A. , Ramazashvili R. R. Resonant excitation of wake fields by a laser pulse in a plasma. *JETP Lett*. 1992; **55**: 571 - 576

29 Sprangle P. , Esarey E. , Krall J. , Joyce G. Propagation and guiding of intense laser pulses in plasmas. *Phys. Rev. Lett.* 1992; **69**: 2200 - 2203

30 Pukhov A. , Sheng Z. M. , Meyer-ter-Vehn J. Particle Acceleration in Relativistic Laser Channels. *Phys Plasmas*, 1999; **6**: 2847 - 2854

31 Rosenzweig J. B. , Cline D. B. , Cole B. ,*et al*. Experimental observation of plasma wake-field acceleration. *Phys. Rev.*

Lett. , 1988；**61**：98 - 101

32 Kitagawa Y. , Matsumoto T. , Minamihata T. *et al*. Beat-wave excitation of plasma wave and observation of accelerated electrons. *Phys. Rev. Lett.* , 1992；**68**：48 - 51

33 Umstadter D. , Esarey E. , Kim J. Nonlinear plasma waves resonantly driven by optimized laser pulse trains. *Phys. Rev. Lett.* , 1994；**72**：1224 - 1227

34 孙承伟等. 激光辐照效应. 国防工业出版社，2002，177

35 Bertrand P. , Ghizzo A. , Karttunen S. J. , *et al*. Generation of ultrafast electrons by simultaneous stimulated Raman backward and forward scattering. *Phys. Rev. E.* , 1994；**49**：5656 - 5659

36 Umstadter D. , *et al*. Nonlinear optics in relativistic plasmas and laser wake field acceleration. *Science*, 1996；**273**：472 - 474

37 Moore C. I. , Ting A. , Krushelnick K. , *et al*. Electron trapping in self-modulated laser wakefields by raman backscatter. *Phys. Rev. Lett.* , 1997；**79**：3909 - 3912

38 Bulanov S. V. , Pegoraro F. , Pukhov A. M. , *et al*. Transverse-wake wave breaking. *Phys. Rev. Lett.* , 1997；**78**：4205 - 4208

39 Umstadter D. , Kim J. K. , Dodd E. Laser injection of ultrashort electron pulses into wakefield plasma waves. *Phys. Rev. Lett.* , 1996；**76**：2073 - 2076

40 Esarey E. , Hubbard R. F. , Leemans W. P. , *et al*. Electron injection into plasma wakefields by colliding laser pulses. *Phys. Rev. Lett.* , 1997；**79**：2682 - 2685

41 Bernhard Rau, Tajima T. , Hojo H. Coherent electron acceleration by subcycle laser pulses. *Phys. Rev. Lett.* , 1997；**78**：3310 - 3313

42 Hemker R. G. , Tzeng K. -C. , Mori W. B. , *et al*. Computer

simulations of cathodeless, high-brightness electron-beam production by multiple laser beams in plasmas. *Phys. Rev. E.*, 1998; **57**: 5920 - 5928

43 Bulanov S., Califano F., Dudnikova G., *et al.* Interaction of petawatt laser pulses with underdense plasmas. *Plasma Phys. Rep.*, 1999; **25**: 701 - 714

44 Phillip S., Eric E., Jonathan K. Laser driven electron acceleration in vacuum, gases and plasmas. *Phys. Plasma*, 1996; **3**: 2183 - 2190

45 Moore C. I., Ting A., Mc Naught S. J., *et al.* A Laser-accelerator injector based on laser ionization and ponderomotive acceleration of electrons. *Phys. Rev. Lett.*, 1999; **82**: 1688 -1691

46 Suk H., Barov N., Rosenzweig J. B., Plasma electron trapping and acceleration in a plasma wake field using a density transition. *Phys. Rev. Lett.*, 2001; **86**: 1688 - 1691

47 Borghesi M., Mackinnon A. J., Gaillard R., Willi O. Large quasistatic magnetic fields generated by a relativistically intense laser pulse propagating in a preionized plasma. *Phys. Rev. Lett.*, 1998; **80**: 5137 - 5140

48 Bhattacharyya B., Mulser P., Sanyal U. Spontaneous Faraday rotation due to strong laser radiation in a plasma. *Phys. Lett. A*, 1999; 249 - 324

49 Sarkisov G. S., Bychenkov V. Yu., Novikov V. N., Tikhonchuk V. T. Self-focusing, channel formation, and high-energy ion generation in interaction of an intense short laser pulse with a He jet. *Phys. Rev. E*, 1999; **59**: 7042 - 7054

50 Krushelnick K., Clark E. L., Najmudin Z., *et al.* Multi-MeV ion production from high-intensity laser interactions with

underdense plasmas. *Phys. Rev. Lett.*, 1999; **83**: 737 – 740

51 Maksimchuk A., Gu S., Flippo K., Umstadter D. Forward
ion acceleration in thin films driven by a high-intensity laser.
Phys. Rev. Lett., 2000; **84**: 4108 – 4111

52 Charles Jaffé, Farrelly D., Uzer T. Transition State theory
without time-reversal symmetry: chaotic ionization of the
hydrogen atom. *Phys. Rev. Lett.*, 2000; **84**: 670 – 673

53 Snavely R. A., Key M. H., Hatchett S. P., *et al*. Intense
high-energy proton beams from petawatt-laser irradiation of
solids. *Phys. Rev. Lett.*, 2000; **85**: 2945 – 2948

54 Brunel F., Not-so-resonant, resonant absorption. *Phys. Rev.
Lett.*, 1987; **59**: 52 – 55

55 Bulanov S. V., *et al*. Generation of collimated beams of
relativistic ions in laser-plasma interactions. *JETP Lett.*,
2000; **71**: 407 – 411

56 Bulanov S. V., *et al*. Generation of collimated beams of
relativistic ions in laser-plasma interactions. *JETP Lett.*,
2000; **71**: 407 – 411

57 Liu X., Umstadter D. Competition between ponderomotive and
thermal forces in short-scale-length laser plasmas. *Phys. Rev.
Lett.*, 1992; **69**: 1935 – 1938

58 Kalashnikov M. P., Nickles P. V., Schlegel Th., *et al*.
Dynamics of laser-plasma interaction at 10^{18} W/cm^2. *Phys.
Rev. Lett.*, 1994; **73**: 260 – 263

59 Wilks S. C., Kruer W. L., Tabak M., Langdon A. B.
Absorption of ultra-intense laser pulses. *Phys. Rev. Lett.*,
1992; **69**: 1383 – 1386

60 Tabak M., Hammer J., Glinshy M. E., *et al*. Ignition and
high gain with ultrapowerful lasers. *Phys. Plasmas*, 1994;

1(5): 1626 - 1634

61 Zepf M. , Castro-Colin M. ,Chambers D. , *et al.* Measurements of the hole boring velocity from Doppler shifted harmonic emission from solid targets. *Phys. Plasmas*, 1996, **3**: 3242 -3244

62 Sakharov A. S. , *et al.* Stimulated scattering of relativistically strong radiation from an underdense plasma at high-frequency harmonics. *Phys. Plasma*, 1997; **4**: 3382 - 3389

63 Barr H. C. , *et al.* Effects of radiation on direct-drive laser fusion targets. *Phys. Plasma*, 2000; **7**: 2604 - 2615

64 Esarey E. , Schroeder C. B. , Shadwick B. A. , *et al.* Nonlinear theory of nonparaxial laser pulse propagation in plasma channels. *Phys. Rev. Lett.* , 2000; **84**: 3081 - 3084

65 Brian J. Duda, Mori W. B. Variational principle approach to short-pulse laser-plasma interactions in three dimensions. *Phys. Rev. E*, 2000; **61**: 1925 - 1939

66 Kostyukov I. Yu. , Rax J.-M. Ultrahigh-intensity inverse-bremsst-rahlung absorption. *Phys. Rev. Lett.* , 1999; **83**: 2206 - 2209

67 Edison P. , Liang Scott, Max Tabak. Pair Production by ultraintense lasers. *Phys. Rev. Lett.* ,1999; **81**: 4887 - 4890

68 Brice Quesnel, Patrick Mora. Theory and simulation of the interaction of ultraintense laser pulses with electrons in vacuum. *Phys. Rev. E*, 1998; **58**: 3719 - 3732

69 Troha A. L. , Van Meter J. R. , Landahl E. C. , *et al.* Vacuum electron acceleration by coherent dipole radiation. *Phys. Rev. E*, 1999; **60**: 926 - 934

70 Pukhov A. , Meyer-ter-Vehn J. , Relativistic magnetic self-channeling of light in near-critical plasma: three-dimensional

particle-in-cell simulation. *Phys. Rev. Lett.*, 1996; **76**: 3975 – 3978

71 Pukhov J., Meyer-ter-Vehn. Laser hole boring into overdense plasma and relativistic electron currents for fast ignition of icf targets. *Phys. Rev. Lett.*, 1997; **79**: 2686 –2689

72 Ren C., Hemker R. G., Fonseca R. A. *et al*. Mutual attraction of laser beams in plasmas: braided light. *Phys. Rev. Lett.*, 2000; **85**: 2124 – 2127

73 Gorbunov L., Mora P., Antonsen T. M. Magnetic field of a plasma wake driven by a laser pulse. *Phys. Rev. Lett.*, 1996; **76**: 2495 – 2498

74 Gahn C., Tsakiris G. D., Pukhov A., *et al*. Multi-MeV electron beam generation by direct laser acceleration in high-density plasma channels. *Phys. Rev. Lett.*, 1999; **83**: 4772 –4775

75 Sprangle P., Hafizi B., Peñano J. R., *et al*. Stable laser-pulse propagation in plasma channels for Gev electron acceleration. *Phys. Rev. Lett.*, 2000; **85**: 5110 – 5113

76 Sprangle P., Peñano J. R., *et al*. GeV acceleration in tapered plasma channels. *Phys. Plasmas*, 2002; **9**: 2364 – 2370

77 Moore C. I., Ting A., Jones T. E., *et al*. Measurements of energetic electrons from the high-intensity laser ionization of gases. *Phys. Plasmas*, 2001; **8**: 2481 – 2487

78 Yousef I., Christoph H. Electron Acceleration by a Tightly focused laser beam *Phys. Rev. Lett.*, 2002; **88**: 095005(4)

79 Gennady Shvets, Nathaniel J. Fisch, Alexander Pukhov. Excitation of accelerating plasma waves by counter-propagating laser beams. *Phys. Plasmas*, 2002; **9**: 2383 – 2392

80 Sheng Z. -M., Mima K., Sentoku Y., *et al*. Stochastic heating

and acceleration of electrons in colliding laser fields in plasma. *Phys. Rev. Lett.*, 2002; **88**: 055004(4)

81 Wang P. X., Ho Y. K., Yuan X. Q., *et al*. Vacuum electron acceleration by an intense laser. *Appl. Phys. Lett.*, 2001; **78**: 2253 – 2255

82 Startsev E. A., Mc Kinstrie C. J. Multiple scale derivation of the relativistic ponderomotive force. *Phys. Rev. E*, 1997; **55**: 7527 – 7535

83 Shvets G., Fisch N. J., Rax J.-M. Relativistic Raman instability shifted by half-plasma frequency. *Phys. Plasmas*, 1996; **3**: 1109 – 1112

84 Spitkovsky A., Chen P. Laser shaping and optimization of the laser-plasma interaction. *AIP Conf. Proc.*, 2001; **569**: 183 – 194

85 Rundquist A. R. *et al*. Optimization of laser wakefield acceleration. *AIP Conf. Proc.*, 2001; **569**: 177 – 182

86 Decker C. D., Moril W. B. Particle-in-cell simulations of Raman forward scattering from short-pulse high-intensity lasers. *Phys. Rev. E*, 1994; **50**: 3338 – 3341

87 Andreev N. E., Gorbunov L. M., Kuznetsov S. V. Energy spectra of electrons in plasma accelerators. *IEEE Trans. Plasma Sci.*, 1996; **24**: 448 – 452

88 Tzeng K-C., Mori W. B., Katsouleas T. Electron beam characteristics from laser-driven wave breaking. *Phys. Rev. Lett.*, 1997; **79**: 5258 – 5261

89 Esarey E., Hafizi B., Hubbard R., Ting A. Trapping and acceleration in self-modulated laser wakefields. *Phys. Rev. Lett.*, 1998; **80**: 5552 – 5555

90 Wilks S., Katsouleas T, Dawson J. M., *et al*. Beam loading

in plasma waves. *IEEE Trans. Plasma Sci.* 1987; **PS - 15**: 210 - 217

91　Mora P. Three-dimensional effects in the acceleration of test electrons in a relativistic electron plasma wave. *J. Appl. Phys.* , 1992; **71**: 2087 - 2091

92　Ruhl H. H. , Ruhl S. V. , Bulanov T. E. , *et al.* Computer simulation of the three-dimensional regime of proton acceleration in the interaction of laser radiation with a thin spherical target. *Plasma Phys. Rep.* , 2001; **27**: 363 - 371

93　Wilks S. C. , Langdon A. B. , Cowan T. E. , *et al.* Energetic proton generation in ultra-intense laser-solid interactions. *Phys. Plasmas.* 2000; **8**: 542 - 549

94　Sheng Z. -M. , Sentoku Y. , Mima K. , *et al.* Angular distributions of fast electrons, ions, and bremsstrahlung x/ gamma-rays in intense laser interaction with solid targets. *Phys. Rev. Lett.* , 2001; **85**: 5340 - 5343

95　Chen L. M. , Zhang J. , Li Y. T. , *et al.* Effects of laser polarization on jet emission of fast electrons in femtosecond-laser plasmas. *Phys. Rev. Lett.* , 2001; **87**: 225001(4)

96　Pukhov A. Three-dimensional simulations of ion acceleration from a foil irradiated by a short-pulse laser. *Phys. Rev. Lett.* , 2001; **86**: 3562 - 3565

97　Eric Esarey, Phillip Sprangle L. Generation of stimulated backscattered harmonic radiation from intense-laser interactions with beams and plasmas. *Phys. Rev. A*, 1992; **45**: 5872 -5882

98　Parashar J. Tunnel ionization due to the plasma wave produced by beating two lasers in a plasma embedded by high-Z impurities. *Physics Letters A* , 2002; **297**: 423 - 426

99　Rax J. M. , Fisch N. J. Phase-matched third harmonic

generation in a plasma. *IEEE Trans. Plasma Sci.*, 1993; **21**: 105 - 109

100　Fei He, Lau Y. Y., Donald P., *et al*. Phase dependence of Thomson scattering in an ultra-intense laser field. *Phys. Plasmas*, 2002; **9**: 4325 - 4329

101　Fei He, Lau Y. Y., Donald P., *et al*. Umstadter, and Richard Kowalczyk. Backscattering of an intense laser beam by an electron. *Phys. Rev. Lett.*, 2003; **90**: 055002(4)

102　Kaplan A. E., Shkolnikov P. L. Lasetron: A Proposed source of powerful nuclear-time-scale electromagnetic bursts. *Phys. Rev. Lett.*, 2002; **88**: 074801(4)

103　Ueshima Y., Kishimoto Y., Sasaki A., Tajima T. Laser Larmor X-ray radiation from low-Z matter. *Laser Part. Beams*, 1999; **17**: 45 - 58

104　Khokonov M. Kh., Nitta H. Standard radiation spectrum of relativistic electrons: beyond the synchrotron approximation. *Phys. Rev. Lett.*, 2002; **89**: 094801(4)

105　Catravas P., Esarey E., Leemans W. P. Femtosecond X-rays from Thomson scattering using laser wakefield accelerators. *Meas. Sci. Technol.* 2001; **12**: 1828 - 1834

106　Yuelin Li, Zhirong Huang, Michael Borland D. *et al*. Small-angle Thomson scattering of ultrafast laser pulses for bright, sub-100-fs X-ray radiation. *Phys. Rev. ST Accel. Beams*, 2002; **5**: 044701(9)

107　Paul Gibbon. Harmonic Generation by Femtosecond laser-solid interaction: a coherent "water-window" light source? *Phys. Rev. Lett.*, 1996; **76**: 50 - 53

108　Yu Wei, Yu M. Y., Zhang J., Xu Z. Harmonic generation by relativistic electrons during irradiance of a solid target by a short-pulse ultra-intense laser. *Phys. Rev. E*, 1998; **57**: 2531 -2534

109 Lichters R. , Meyer-ter-Vehn J. , Pukhov A. Short-pulse laser harmonics from oscillating plasma surfaces driven at relativistic intensity. *Phys. Plasmas*, 1996; **3**: 3425 - 3437

110 Zhidkov A. , Koga J. , Sasaki A. , Uesaka M. Radiation damping effects on the interaction of ultraintense laser pulses with an overdense plasma. *Phys. Rev. Lett.* , 2002; **88**: 185002(4)

111 Bell A. J. , Mestdgh J M. , Berlander J. , *et al.* Mean cluster size by raleigh scattering. *J. Phys. D: Appl. Phys.* , 1993; **26**: 994 - 996

112 Ditmire T. , Donnelly T. , Rubenchik A. M. , *et al.* Interaction of intense laser pulses with atomic clusters. *Phys. Rev. A*, 1996; **53**(5): 3379 - 3402

114 McPherson A. , Thompson B. D. , Borisov A. B. , *et al.* Multiphoton induced X-ray emission at 4 - 5 keV from Xe atoms with multiple core vacancies. *Nature*, 1994; **370**(8): 631 - 634

115 McPherson A. , Luk T. S. , Thompson B. D. , *et al.* Multiphoton induced X-ray emission from Kr clusters on M-shell and L-shell transitions. *Phys. Rev. Lett.* , 1994; **72**(12): 1810 - 1813

116 Pherson A. , Luk T. S. , Thompson B. D. , *et al.* Multiphoton induced X-ray emission and amplification from clusters. *Appl. Phys. B*, 1993; **57**(3): 337 - 347

117 Ditmire T. , Donnelly T. , Falcone R. W. , Petty M. D. Strong X-ray emission from high-temperature plasmas produced by intense irradiation of clusters. *Phys. Rev. Lett.* ,

1995; **75**(17): 3122 - 3125

118 Snyder E. M. , Buzza S. A. , Castleman A. W. Intense field-matter interactions: multiple ionization of clusters. *Phys. Rev. Lett.* , 1996; **77**(16): 3347 - 3350

119 Shao Y. L. , Ditmire T. , Tisch J. , *et al.* , Multi-KeB electron generation in the interation of intense laser pulses with Xe clusters. *Phy. Rev. Lett.* , 1996; **77** (16): 3343 -3346

120 Ditmire T. , Springate E. , Tisch J. , *et al.* Explosion of atomic clusters heated by high-intensity femtosecond laser pulse. *Phy. Rev. A*, 1998; **57**(1): 369 - 382

121 Ditmire T. , Springate E. , Tisch J. , *et al.* High-energy ion produced in explosion of superheated atomic clusters. *Nature*, 1997; **386**(3): 54 - 56

122 Ditmire T. , Springate E. , Tisch J. , *et al.* High-energy ion explosion of atomic clusters: transition form molecular to plasma behavior. *Phys. Rev. Lett.* , 1997; **78** (18): 2732 -2735

123 Ditmire T. , Zweiback J. , Yanovsky V. P. *et al.* Nuclear fusion from explosions of femtosecond laser-heated deuterium clusters. *Nature*, 1999; **389**(8): 489 - 492

124 Lezius M. , Dobosz S. , Normand D. , Schmidt. Explosion dynamics of rare gas clusters in strong laser fields. *Phys. Rev. Lett.* , 1998; **80**(2): 261 - 264

125 Frank F. C. Hypothetical alternative energy sources for the second meson events. *Nature*, 1947; **160**: 525 - 528

126 Alvarez L. W. , Bradner H. , Crawford F. S. , *et al.* Catalysis of nuclear reactions by μ mesons. *Phys. Rev.* , 1957; **105**: 1127 -1128

127 Vesmann E. A. The use of approximate Bethe-Salpeter wavefunctions for the radiative muon capture by deuterium. *Soviet Phys. JETP Lett.*, 1967; **5**: 91 - 94

128 Bystrisky V. M., Zhuravlev NI, Merzlyakov SI, *et al*. The setup to investigate rare processes with neutron producing. *Sov. Phys. JETP*, 1979; **49**: 232 - 241

129 Gerstein S. S., Ponomarev L. I. Mu-Meson catalysis of nuclear fusion in a mixture of deuterium and tritium. *Phys. Lett.* B, 1977; **72** (1): 80 - 82

130 Petitjean C., Atchison F., Heidenreich G., *et al*. 14-MeV high-flux neutron source based on muon-catalyzed fusion — a design study. *Fusion Technology*, 1994; **25**(4): 437 - 450

131 Kenji Fukushima. Muonic-molecule formation in a high-density D-T system: Application to a solid phase. *Phys. Rev. A*, 1998; **48** (6): 4130 - 4141

132 An Wei-ke, Qiu Xi-jun, Shi Chun-hua, Zhu Zhi-yuan. Dependence of the average Lorentz factor on temperature in relativistic plasma. *Chin. Phys. Lett.*, 2005; **22** (5): 1176 -1178

133 Ma J Y, Qiu X J, Zhu Z Y. Collective oscillation relativistic electrons in hot plasma. *Chin. Phys. Lett.*, 2003; **20**(8): 1306 - 1308

134 An Wei-ke, Qiu Xi-jun, Zhu Zhi-yuan. Collective motion and individual particle behavior of fast electrons in relativistic plasma, *Canadian Journal of Physics* (to be submitted).

135 An Wei-ke, Qiu Xi-jun, Zhu Zhi-yuan. Energy deposition of relativistic electrons in super-hot plasma, *Physics of Plasma* (to be published).

136 满宝元,张杰. 超短脉冲强激光与团簇的相互作用. 物理,

2000；**29**：283－288.

137 安伟科，邱锡钧，朱志远. 强激光场中团簇内自由电子的迁移行为. 物理学报.

138 安伟科，邱锡钧，朱志远. 强激光场中氘团簇双重膨胀引发核聚变. 原子核物理评论，2004；**21**(2)：180－182

139 安伟科，邱锡钧，朱志远. 飞秒激光氘团簇库仑爆炸引发核聚变的机理研究. 物理学报，2004；**53**(7)：2250－2253

140 An Wei-ke, Qiu Xi-jun, Zhu Zhi-yuan. Nuclear fusion induced by coulomb-hydrodynamic explosion of deuterium clusters in intense laser pulse. *Chin. Phys. Lett.*，2004；**21**（5）：895 -897

141 石春花，邱锡钧，安伟科，李儒新. μ 子催化核聚变中强脉冲激光对介原子 μ^3 He 的电离. 物理学报，2005；**54**(9)(拟发表)

142 An Wei-ke, Qiu Xi-jun, Shi Chun-hua, Li Ru-xin. Reduction of muon sticking induced by a superintense laser in muon-catalyzed d-d fusion，*Chin. Phys. Lett.*，（to be submitted）.

143 An Wei-ke, Qiu Xi-jun, Shi Chun-hua, Li Ru-xin. Influence of Intense pulse laser on penetron-atomic ionization in muon-catalysed fusion，CCAST-WL WORKSHOP SERIES：Strong Field Laser Physics，Wuyishan，Fujian，2004. 11

144 Atzeni S. Inertial fusion fast ignitor：Igniting pulse parameter window vs the penetration depth of the heating particles and the density of the precompressed fuel. *Phys. Plasmas*，1999；**6**(8)：3316－3326

145 Meyer-ter-Vehn J. Fast ignition of ICF targets：an overview. *Plasma Phys Controlled Fusion*，2001；**43**(12A)：113－125

146 Perry M. D.，Sefcik J. A.，Cowan T.，*et al.* Hard X-ray production from high intensity laser solid interactions (invited). *Rev. Sci. Instrum.*，1999；**70**(1)：265－269

2005 年上海大学
博士学位论文 ■

147 Donald Umstadter. Review of physics and applications of relativistic plasmas driven by ultra-intense lasers. *Phys. Plasma*,2001; **8**(5): 1774 – 1785

148 Patrick Mora, Physics of relativistic laser-plasmas. *Plasma Phys. Control. Fusion*, 2001; **43**(12A): 31 – 37

149 Héron A. , Adam J. C. , Laval G. , Mora P. Theory and simulation of electronic relativistic parametric instabilities for ultraintense laser pulses propagating in hot plasmas. *Phys. Plasma*, 2001; **8**(5): 1664 – 1672

150 Quesnel B. , Mora P. , Adam J. C. , *et al*. Electron parametric instabilities of ultraintense short laser pulses propagating in plasmas. *Phys. Rev. Lett.* , 1997; **78**(11): 2132 – 2135

151 Pegoraro and Porcelli. Equation of state for relativistic plasma waves. *Phys. Fluids*, 1984; **27**(7): 1665 – 1670

152 Jan Bergman and Bengt Eliasson, Linear wave dispersion laws in unmagnetized relativistic plasma: Analytical and numerical results. *Phys. Plasma*, 2001; **8**(5): 1482 – 1492

153 Groot S. R. , Leeuwen W. A. , Weert C. G. *Relativistic Kinetic Thedry, Principles and Application* (North-Holland, Amsterdam, 1980)

154 Abramowitz M. , Stegun I. A. *Handbook of Mathematical Functions*, 9th ed, (Dover, New York,1964)

155 Pines D. , Bohm D. A collective description of electron interactions: ii. collective vs individual particle aspects of the interactions. 1952; *Phys. Rev.* , **85**(2): 338 – 353

156 Rosser W. G. V. , Sc. M. *An Introduction to the Theory of Relativity*, London, Butterworth &. Co. Ltd,1994.

157 Bohm D. , Gross E. P. Theory of plasma oscillations. a.

origin of medium-like behavior. *Phys. Rev.*, 1949; **75**: 1851 – 1864

158 Zweiback J., Ditmire T., Perry M. D. Femtosecond time-resolved studies of the dynamics of noble-gas cluster explosions. *Phys. Rev. A*, 1999; **59**(5): 3166 – 3169

159 Ma Jinyi, Qin Xitun, yuan Zhu Zhi. Energy loss of a fast-electron beam due to the excitation of collective oscillation in hot plasma. *Chin. Phys.* 2004; **13**(3): 373 – 378

160 马瑾怡. 强脉冲激光等离子体和声致发光单气泡的某些理论问题研究. [博士学位论文], 上海: 上海大学, 2003, 23

161 Deutsch C., Furukawa H., Mima K., *et al*. Interaction physics of fast igniter concept. *Phys. Rev. Lett.*, 1996; **77**(12): 2483 – 2486

162 Köller L., Schumacher M., Köhn J., *et al*. Plasmon-enhanced multi-ionization of small metal clusters in strong femtosecond laser fields. *Phys. Rev. lett.*, 1999; **82**(19): 3783 – 3786

163 Schlipper Ralph, Kusche Robert, von Issendorff Bernd, Haberland Hellmut, Multiple excitation and lifetime of the sodium cluster plasmon resonance. *Phys. Rev. lett.*, 1998; **80**(6): 1194 – 1197

164 刘建胜, 李儒新, 朱频频等. 大尺寸团簇在超短超强激光场中的动力学行. 物理学报, 2001; **50**: 1121 – 1127

165 林景全, 张杰, 李英骏, 陈黎明, 吕铁铮, 滕浩. 原子团簇对飞秒激光的吸收. 物理学报, 2001; **50**(3): 457 – 461

166 王锋, 张丰收, 肖国青等. Na_2 对照短激光脉冲的响应. 物理学报, 2001; **50**: 667 – 673

167 Li Shao-hui, Lin Bing-chen, Ni Guo-quan, Xu Zhi-Zhan. Investigation of the time characteristics of a pulsed flow of

large rare gas clusters. *Chin. Phys.* , 2003; **12**(8): 856 – 860

168 Rose-Petruck C. , Schafer K. J. , Wilson K. R. , *et al.* Ultrafast electron dynamics and inner-shell ionization in laser driven clusters. *Phys. Rev. A*, 1997; **55**(2): 1182 – 1190

169 Zweiback J. , Ditmire T. , Perry M. D. Femtosecond time-resolved studies of the dynamics of noble-gas cluster explosions. *Phys. Rev. A*,1999; **59**(5): 3166 – 3169

170 Hagena O. F. , Obert W. Cluster formation in expanding supersonic jets: effect of pressure, temperature, nozzle size, and test gas. *J. Chem. Phys.* , 1972; **56**(5): 1793 – 1802.

171 Keldysh L. V. Ionization in the field of a strong electromagnetic wave. *Sov. Phys. JETP*, 1965; **20**: 1307 –1312

172 Augst S. , Strickland D. , Meyerhofer D. D. , *et al.* Tunneling ionization of noble gases in a high-intensity laser field. *Phys. Rev. Lett.* , 1989; **63**(20): 2212 – 2215

173 Ammosov M. V. , Delone N. B. , Krainov V. P. Tunnel ionization of complex atoms and of atomic ions in an alternating electromagnetic field. *Sov. Phys. JETP*, 1986; **64**(6): 1191 – 1194

174 Glover T. E. , Donnelly T. D. , Lipman E. A. , *et al.* Falcone Subpicosecond thomson scattering measurements of optically ionized helium. *Plasmas, Phys. Rev. Lett.* , 1994; **173**(1): 78 – 81

175 Augst S. , Meyerhofer D. D. , Strickland D. , *et al.* Laser ionization of noble gases by Coulomb-barrier suppression. *J. Opt. Soc. Am. B*, 1991; **8**(4): 858 – 867

176 Lemoff B. E. , Yin G. Y. , Gordon III C. L. , *et al.* Demonstration of a 10-Hz femtosecond-pulse-driven XUV

laser at 41. 8 nm in Xe IX. *Phys. Rev. Lett.* , 1995; **74**(9): 1574 – 1577

177 Sebban S. , Haroutunian R. , Ph. Balcou, *et al*. Saturated amplification of a collisionally pumped optical-field-ionization soft X-ray laser at 41. 8 nm. *Phys. Rev. Lett.* , 2001; **86**(14): 3004 – 3007

178 Lotz W. Electron-impact ionization cross-sections and ionization rate coefficients for atoms and ion from Hydrogen to Calcium. *Z. Phys.* , 1968; **216**(3): 241 – 247

179 Lotz W. An empirical formula for the electron-impact ionization cross-sections. *Z. Phys.* , 1967, **206**: 205 – 211

180 刘建胜. 强光场中原子内壳层与团簇爆炸的超快动力学行为. [博士学位论文], 上海: 中国科学院上海光机所, 2003, p. 54. 夏勇, 飞秒强激光与氢原子团簇相互作用库仑爆炸研究. [硕士学位论文], 中国科学院上海光机所, 2003, p. 11

181 Landau L. D. , Lifshitz E. M. *Electrodynamics of continuous media*, Pergamon, Oxford, 1984

182 Jackson J. D. *Classical electrodynamics* (Wiley, New York, 1975)

183 Spitzer. *Physics of Fully Ionized Gases* (Interscience, New York, 1967)

184 Rastunkov V. S. , Krainov V. P. Relativistic electron drift in overdense plasma produced by asuperintense femtosecond laser pulse. *Phys. Rev. E*, 2004; **69**(3): 037402

185 Mori W. B. , Katsouleas T. Ponderomotive force of a uniform electromagnetic wave in a time varying dielectric medium. *Phys. Rev. Lett.* , 1992; **69**(24): 3495 – 3498.

186 Goreslavsky S. P. , Fedorov M. V. , Kil'pio A. A. Relativistic drift of an electron under the influence of a short

intense laser pulse. *Laser Phys.* , 1995; **5**: 1020 – 1028

187 Amiranoff F. , Baton S. , Bernard D. , *et al*. Observation of Laser wakefield acceleration of electrons. *Phys. Rev. Lett.* , 1998; **81**(5): 995 – 998

188 Isidore Last, Israel Schek, Joshua Jortner. Energetics and dynamics of Coulomb explosion of highly charged clusters. *J. Chem. Phys.* 1997; **107**(17): 6685 – 6692

189 Haught A. F. , Polk D. H. Formation and heating of laser irradiated solid particle plasma, *Phys. Fluids*, 1970; **13**: 2825 – 2841

190 Ditmire T. Simulation of exploding clusters ionized by high-intensity femtosecond laser pulses. *Phys. Rev. A*, 1998; **57**(6): 4094 – 4097

191 Isidore Last, Joshua Jortner. Multielectron Ionization of large rare gas clusters. *J. Phys. Chem. A*, 1998, **102**(47): 9655 – 9659.

192 Morse P. M. , Ingard K. U. , *Theoretical acoustics* (Mc Graw-Hill,1968)

193 常铁强等. 激光等离子体相互作用与激光聚变. 湖南科学技术出版社,1991; 393

194 Isidore Last, Joshua Jortner. Nuclear fusion induced by coulomb explosion of heteronuclear clusters. *Phys. Rev. lett.* , 2001; **87**: 033401

195 何景棠,和 2002 年诺贝尔物理学奖有关的一段史实, 物理, 2003; **18**: 560 – 562

196 Krivec R. , Mandelzweig V. B. Nonvariational calculation of the sticking probability and fusion rate for the μdt molecular ion. *Phys. Rev. A*, 1995; **52**: 221 – 226

197 Hu Chiyu. Variational calculation of the muon-alpha-particle

sticking probabilities in the muon-catalyzed fusion $dt\mu \rightarrow$ μ^4 He+n. *Phys. Rev. A*, 1986;**34**: 2536 – 2539

198 Fukushima Kenji, Fumikazu Iseki. Formation rate of muonic molecules in an alloy of deuterium and tritium. *Phys. Rev. B*, 1988; **38**: 3028 – 3036

199 Dubeis A. , Jonusauskas G. , Piskarskas A. Powerful femtosecond pulse generation by chirped and stretched pulse parametric amplification in BBO crystal. *Opt. Commun*, 1992; **88**: 437 – 440

200 Shvets G. , Fisch N. J. , Pukhov A. *et al*. Superradiant Amplification of an ultrashort laser pulse in a plasma by a counter propagating pump. *Phys. Rev. Lett.*, 1998; **81**: 4879 –4882

201 Malkin V. M. , Shvets G. , *et al*. Detuned Raman amplification of short laser pulses in plasma. *Phys. Rev. Lett.*, 2000; **84**: 1208 – 1211

202 Verluise F. , Laude V. , Cheng Z. , *et al*. Arbitrary control of phase and amplitude of ultrashort pulses with an acousto-optic programmable dispersive filter: application to pulse compression and pulse shaping. *Opt. Lett.*, 2002, **25**: 575 –577

203 Kruit P. , Kimman J. , Muller H. G. , *et al*. Electron spectra from multiphoton ionization of xenon at 1064, 532, and 355 nm. *Phys. Rev. A*, 1983; **28** (1): 248 – 255

204 Parker J. , C. R. , Stroud. Generalization of the Keldysh theory of above-threshold ionization for the case of femtosecond pulses. *Phys. Rev. A*,1989; **40**(10): 5651 –5658

205 Agostini P. , Fabre F. , Mainfray G. , *et al*. Free-Free transitions following six-photon ionization of xenon atoms.

Phys. Rev. Lett. , 1979; **42**(17): 1127 – 1130

206 Su Q. , Ebrerly J. H. , Javanainen J. Dynamics of atomic ionization suppression and electron localization in an intense high-frequency radiation field. *Phys. Rev. Lett.* , 1990; **64**(8): 862 – 865

207 Latinne O. , Joachain C. J. , Doerr M. Atomic hydrogen in a superintense high-frequency field: testing the dipole approximation. *Euro. Phys. Lett.* , 1994; **26** (5): 333 – 338

208 Codling K. , Frasinski L. J. Dissociative ionization of small molecules in intense laser fields. *J. Phys. B*, 1993; **26**: 783 – 809

209 Giusti-Suzor A. , Mies F. H. , Di Mauro L. F. , Charron E. , Yang B. Dynamics of H_2^+ in intense laser fields. *J. Phys. B*, 1995; **28**: 309 – 339

210 Zuo T. , Bandrauk A. D. Charge-resonance-enhanced ionization of diatomic molecular ions by intense lasers. *Phys. Rev. A*, 1995; **52**(4): 2511 – 2514

211 Seideman T, Tvanov M. , Corkum P. B. Role of electron localization in intense-field molecular ionization. *Phys. Rev. Lett.* , 1995; **75**(15): 2819 – 2822

212 Javanainen J. , Eberly J. H. , Su Q. Numerical simulations of multiphoton ionization and above-threshold electron spectra. *Phys. Rev. A*, 1988; **38**(7): 3430 – 3446

213 Hermann M. R. , Jr Fleck J. A. Split-operator spectral method for solving the time-dependent Schrödinger equation in spherical coordinates. *Phys. Rev. A*, 1988; **38** (12): 6000 – 6012

214 Su Q. , Irving B. P. , Johnsin C. W. , *et al*. Stabilization of a one-dimensional short-range model atom in intense laser

fields. *J. Phys. B*, 1996; **29**(24): 5755 – 5764

215 Bandrauk A. D. , Shen H. Exponential split operator methods for coupled Schroedinger equation. *J. Chem. Phys.* , 1993; **99**: 1185 – 1193

216 Feit M. D. , Jr Fleck J. A. , Teiger A. S. Solution of the Schrodinger equation by a spectral method. *J. Comput. Phys.* , 1982; 47(2): 412 – 433

217 Heather R. , Metiu H. An efficient procedure for calculating the evolution of the wave function by fast Fourier transform methods for systems with spatially extended wave function and localized potential. *J. Chem. Phys.* , 1987; **86**: 5009 – 5017

218 Heather R. W. , Frederick H. M. Intense-field photo dissociation of H_2^+ : Comparison of time-dependent and time-independent calculations. *Phys. Rev. A*, 1991; **44** (11): 7560 –7572

219 Krause J. L. , Schafer K. L. , Kulander K. C. Calculation of photoemission from atoms subject to intense laser fields. *Phys. Rev. A*, 1992; **45**: 4998 – 5010

220 Muller H. G. , Tip A. , Wiel M. J. Ponderomotive force and AC Stark shift in multiphoton ionization. *J. Phys. B*, 1983; **16**: 679 – 685

221 George R. Neil, Carr G. L. , Joseph F. , *et al*. Production of high power femtosecond terahertz radiation. *Nuclear Instruments and Methods in Physics Research A* , 2003; **507**: 537 – 540

222 Charron E. , Giusti-Suzor A. , Mies F. H. Coherent control of photo dissociation in intense laser fields. *J. Chem. Phys.* , 1995; **103**(17): 7359 – 7373

致　　谢

值此论文完成之际，首先要感谢导师邱锡钧教授. 邱老师自始至终悉心地指导了论文的全部工作. 他给本人提供了良好的科研条件，积极引导和支持我进入激光与物质相互作用这一具有丰富理论背景和广泛应用前景的前沿领域进行探索和研究，他对这一领域有着自己深刻而明晰的见解，是本文工作顺利完成的重要保障.

邱老师平易近人，他在学术上的敏锐洞察力，严谨的治学态度和实事求是的科研工作作风，将使学生受益终生. 导师身上所体现出来的为人师表的高尚品德，将是我今后学习的榜样.

然而，在对导师致以诚挚的谢意和崇高的敬意时候，作者不得不对自己浅薄的工作深感愧疚. 好在来日方长，现在只希望这篇博士学位论文是我回报导师辛勤培养的开始，是继续科学探索和创新的起点，而不是终点.

在攻读博士学位期间，有幸在课堂上得到了李英教授、陆惠卿教授和周世平教授的指导，作者在此对他们表示由衷的感谢，并感谢余昺鲲教授、董传华教授、许晓明教授以及物理系其他老师的指导.

三年来，课题组和谐的人际关系和活跃的学术气氛，使我获益匪浅. 感谢马谨怡博士、胡星航博士与本人的讨论. 感谢硕士吴同成、石春花和本人愉快的合作. 感谢晋兴雨、蒋懿、陈莹、胡健和赵丽霞等硕士对本工作的支持.

感谢物理系陈彬、陈玺、曹桂新等博士及其他同窗对本人的帮助.

最后，作者衷心感谢父母、岳父母的关怀；特别感谢妻子张湘君女士和女儿安琪，正是她们的理解和关爱，使我得以专心于科学的探索，谨以此文献给他们.

安伟科

2005 年 5 月于上海大学